我国高校校园规划评析与前期论证研究

朱宇恒　著

中国美术学院出版社

责任编辑：林　群

执行编辑：黄子栩

封面设计：石祺云

责任校对：杨轩飞

责任印制：张荣胜

图书在版编目（CIP）数据

我国高校校园规划评析与前期论证研究 / 朱宇恒著.
杭州 ： 中国美术学院出版社， 2024. 9. -- ISBN 978-7
-5503-3437-3

　　Ⅰ . TU244.3

中国国家版本馆 CIP 数据核字第 2024K2H146 号

我国高校校园规划评析与前期论证研究

朱宇恒　著

出 品 人：祝平凡

出版发行：中国美术学院出版社

网　　址：http://www.caapress.com

地　　址：中国·杭州南山路218号　邮政编码　310002

经　　销：全国新华书店

制　　版：杭州真凯文化艺术有限公司

印　　刷：杭州捷派印务有限公司

版　　次：2024年9月第1版

印　　次：2024年9月第1次印刷

开　　本：787mm×1092mm　1 / 16

印　　张：7.75

字　　数：200千

书　　号：ISBN 978-7-5503-3437-3

定　　价：48.00元

目录

前　言

随着我国经济的快速发展和社会的不断进步，以及高等教育的跨越式发展，高校校园的规划建设与发展在我国已日益迫切。但是在各种因素的综合影响下，当前我国在高校校园规划方面还存在一些不足，这直接影响到了高校校园规划理念与方法的选择和运用。

我国现代意义上的大学始于清末，至今仅一百余年的历史，历史积淀较少，早期在高校校园规划上受西方大学规划理念与方法的影响较大的大学，如清华大学、原燕京大学等，都是由西方建筑师依照西方大学的规划布局理念来设计的。经过多年的实践和积累，我国学术界进行了很多有关高校校园规划与建筑的研究，包括从规划学、建筑学、景观学、生态学及环境学等诸多学科的角度探讨高校校园规划的现状和发展趋势等。有学者统计，高校扩招后的近五年（1999—2004年）来，在规划类、建筑类杂志上刊登的有关高校校园规划的论文有63篇，涵盖了高校校园规划理论与方法等12个方面的问题；有关高校校园建筑的论文有68篇，几乎涵盖了校园建筑的所有类型。[1]但从总体上看，这些研究多限于技术层面的研究和局部问题的探讨，停留在对具体规划设计方法的论述上。

要从根本上解决我国高校校园规划中存在的不足，仅停留在具体规划设计方法这一层次的研究还不够。本书在现有调查收集到的资料基础上，综合多种学科的有关理论，从认识论和方法论两个层面进行分析和

1　徐苏宁：《关于高校校园规划与设计研究的分析报告》，载《2004年全国高等教育学术研讨会议论文集》，2004，第229页。

反思，研究高校校园规划的前期论证。在调查过程中，笔者除了收集各种公开发表的研究成果外，还积极参加有关高校校园规划的各种学术报告讲座和会议，并多次到国内外的大学实地参观考察，拍摄了大量现场照片，获得了宝贵的第一手资料。在论述过程中，笔者对涉及高校校园形态和布局、校园建筑的平面功能和形体、界面处理等具体规划设计的内容和手法予以删繁就简而直抒主题，即高校校园规划的前期论证。

　　本书在结构上从介绍我国高等教育的发展历程、综述近年来高校校园建设情况着手，对我国当前高校校园及大学城规划的成果和问题进行了评析；然后详细论述了高校校园规划前期论证所涉及的各项具体内容，并进一步分析了影响高校校园规划前期论证的有关政策、技术和模式上的因素；最后分析了前期论证对高校校园规划方法的先导作用，提出了三大原则性规划指导理念和方法，以及其他一般性的对策。

1.
我国高等教育规模发展历程与高校校园建设概述

世纪之交，我国的高等教育经历了一个快速发展成长的时期。自1999年扩招以来，我国各类高等院校（包括普通高等院校、成人高等院校、民办其他高等教育机构等）总数从1998年的1984所发展到2003年的3019所，[1]各类高校在校生总数从1998年的643万人增加到2004年的2000万人以上。[2]在1999年以前，我国的高校校园建设较为缓慢；从1949年到1978年近三十年，我国普通高等院校从仅205所增加到598所。[3]

1.1　我国高等教育的历史和现状

1.1.1　清末民初时期

我国高等教育的发展时间不长，起源于清朝末年，是在向发达国家学习的基础之上建立和发展起来的，最早创办的三所学校分别是1895年创办的北洋大学堂（现天津大学）、1896年创办的南洋公学（现上海交通大学）、1898年创办的京师大学堂（现北京大学），我国近现代高等

1　中华人民共和国教育部发展规划司编《中国教育统计年鉴（2003年）》，人民教育出版社，2004，第187页。

2　同上书，第21页。

3　中华人民共和国国家统计局编《中国统计年鉴（2004年）》，中国统计出版社，2004，第778页。

教育从此起步。

到1936年，全国共有各类高等院校108所，在校生共约4.2万人；抗日战争胜利时全国各类高等学校已达141所，在校生共约8.3万人；至中华人民共和国成立时，全国共有各类高等学校205所，在校生共约11.6万人。[1]

1.1.2　中华人民共和国成立后至改革开放

中华人民共和国成立以后，为了满足当时的社会主义建设需要，我国于1952年开始陆续对高校院系进行了大调整，除保留少数文理科综合性大学外，大力发展了一批以工科为主的单科性院校。至1956年，全国各类高校达到227所，其中单科性院校占约92%，综合性大学由中华人民共和国成立前的55所减为15所，工科院校则由中华人民共和国成立前的18所增至48所。[2]调整后，高等学校的办学主体以高教部和中央各部委为主，办学地点集中到北京市、天津市、上海市、南京市、沈阳市、西安市、成都市、重庆市、武汉市等各大城市，大城市高校总数量占到全国高校的60%，仅北京市一地就占18%，而其他一些省份的高校数量反而有所减少，如广东省由15所减为7所，福建省由9所减为4所，广西省由6所减为3所。[3]至1956年全国高校共设置专业达313个，在校生增至40.31万。[4]

到1960年时全国高校已发展到1289所，增加了5倍，在校生增至96.16万人，翻了一番多，但到1965年又减至434所，在校生67.44万人。这一阶段，除高教部和中央部委管理的183所高校外，又新办了251所省、市、自治区主办的高校，主要集中在省会城市，占高校总数的

1　《高等教育布局与规模研究》（内部资料）。

2　同上。

3　同上。

4　同上。

57.8%，数量分布也更为合理。以1957年数据和1965年数据为例，广东省高校由7所增至21所，广西省由3所增至10所，湖南省由6所增至12所，山东省由7所增至16所。[1]

经过1952年开始的高等学校院系调整和之后几年的发展，我国在高等教育管理体制上积累了一定的经验，教育的重心与经济建设的目标直接相关，实行"专才教育"模式，在较短时间内迅速培养出大批国家建设所需的专业人才。但我国也出现了综合性大学和文科教育被削弱，教育模式过于专门化和窄化，学校规模偏小等问题，比如文学、政法、财贸等学科的学生，由1949年占在校生总数的33.1%下降为1953年的14.9%，到1962年时仅为6.8%。[2]

1.1.3 改革开放至1999年高校扩招

1977年我国恢复高考制度，1978年普通高等学校总数恢复到598所，当年招生40.2万人，在校生85.6万人。至1980年，普通高等学校总数达到675所，在校生达到114.4万人。[3]

进入20世纪90年代以后，尤其是1992年以来，在"共建、调整、合作、合并"八字方针的指引下，在党中央、国务院的关心和支持下，我国高教管理体制朝着适应社会主义市场经济和现代化建设需要的方向不断改革，进行布局结构的重大调整，高等学校扩大了招生规模，高等教育的发展进入了又一个崭新的发展阶段，高等学校的布局结构日趋合理，教学质量和办学效益正在逐步提高。

"九五"计划期间，国家开始面向21世纪重点建设100所左右的高等学校和一批重点学科（即"211工程"），并安排了62.11亿元重点学科建设经费、36.77亿元公共服务体系建设经费及10.06亿元基础设施建

1　《高等教育布局与规模研究》（内部资料）。

2　同上。

3　中华人民共和国国家统计局编《中国统计年鉴（2004年）》，中国统计出版社，2004，第778—780页。

设经费，极大地促进了我国重点高校的发展。[1]

党的十五大以后，我国高等教育又以新的姿态加快改革，跨越式地迈向21世纪。到扩招之前的1998年，全国普通高等学校为1022所，招生数和在校生数分别为108.4万人和340.9万人（其中博士学位招生1.50万人、硕士学位招生5.73万人、其他各类在学研究生达到12.64万人）；全国成人高等学校962所，招生100.1万人，毕业82.6万人，在校学生282.2万人；全国高等学校本专科在校生总数（包括成人高等学校）为623.1万人。[2] 20世纪90年代以来我国高等学校在校生总数参见表1-1[3]。

表1-1　20世纪90年代以来我国高等学校在校生总数一览

（典型年份，单位：万人）

在校生总数（万人）	1990 年	1995 年	1998 年	1999 年	2003 年
研究生合计	9.3	14.5	19.9	23.4	65.1
本专科在校生合计	372.9	547.6	623.1	909.73	1667.8
其中：普通高等学校	206.3	290.6	340.9	556.09	1108.6
成人高等学校	166.6	257.0	282.2	353.64	559.2
总计	382.2	562.1	643.0	933.13	1732.9

1.1.4　高校扩招至今

1999年7月，我国做出了一项重大发展战略——高校扩招，当年全

1　中华人民共和国教育部网有关"211"工程的资料。

2　中华人民共和国国家统计局编《中国统计年鉴（2004年）》，中国统计出版社，2004，第778—780页。

3　同上书，第779页。

中华人民共和国教育部发展规划司编《中国教育统计年鉴（2003年）》，人民教育出版社，2004，第3页。

中华人民共和国国家教育委员会计划建设司编《中国教育事业统计年鉴（2000年）》，人民教育出版社，2001，第3页、第11页。

国普通高校招生人数就达到了160万人。此后，高等教育的招生规模继续快速扩大，每年的招生人数都有所增长，2000年普通高校招生220.6万人，年递增幅度为38%；2001年招生268.28万人，比上年又增长了21.61%。至2004年，全国普通高校招生共录取新生420万人，全国各级各类高等教育在校生总数超过2000万人。[1]截至2003年，我国拥有各类普通高校共1552所。[2]

1.2 高等教育规模水平的衡量及对扩招的认识

1.2.1 高等教育规模水平的衡量指标

根据联合国教科文组织的统计标准，体现各个国家或地区高等教育规模水平的三个指标是毛入学率、万人指标和人口受教育程度。

1.毛入学率

即高等教育毛入学率，指各国家或地区高校在校生总数占相应年龄段（18—22岁）人口的比例。高等教育毛入学率表明了一个国家提供高等教育机会的综合水平，也是近年来国际上最通用的反映高等教育规模水平的标志性指标。

毛入学率在15%以下，表明一个国家的高等教育规模水平处于"精英化"阶段；毛入学率在15%—50%之间，表明高等教育规模水平处于

---

1 中华人民共和国国家统计局编《中国统计年鉴（2004年）》，中国统计出版社，2004，第780页。

中华人民共和国教育部发展规划司编《中国教育统计年鉴（2001年）》，人民教育出版社，2002，第2—3页、第11页。

2 中华人民共和国国家统计局编《中国统计年鉴（2004年）》，中国统计出版社，2004，第778页。

中华人民共和国教育部发展规划司编《中国教育统计年鉴（2001年）》，人民教育出版社，2002，第2—3页、第24页。

"大众化"阶段；毛入学率达到50%以上，表明高等教育规模水平已进入了"普及化"阶段。实践证明，任何一个国家和地区的高等教育都会经历一个从"精英化"到"大众化"再到"普及化"的过程。

2.万人指标

指各国家或地区每万人口中拥有在校大学生的人数，该指标表现高等教育规模与人口的关系，具有较好的可比性。但近年来联合国教科文组织的统计年鉴中已不再列有该指标。

3.人口受教育程度

指各个国家或地区的25岁以上人口中接受过高等教育的人群占25岁以上人口总数的百分比。

4.毛入学率与人均国内生产总值（人均GDP）

从世界范围看，人均GDP水平和高等教育毛入学率成正比例关系。以1995年时完成高等教育"大众化"（毛入学率高于15%）的62个国家为例，其中超过35%的有29个，超过50%的有7个。这些达到"大众化"的国家，人均GDP平均为10445美元；毛入学率35%以上的国家，人均GDP平均17104美元；毛入学率15%以下国家，人均GDP平均为1389美元。[1]

1.2.2 我国高等教育规模水平的发展阶段及国际间比较

2000年以来，中国高等教育的毛入学率以每年平均两个百分点的速度增加，2000年为12.5%，2002年达到15%。[2]从2002年起，由于高校的扩招，我国的高等教育规模已经进入了"大众化"阶段初期，并开始向

---

1 张力：《不同国家高等教育毛入学率比较》，《中国高等教育》2001年第1期。

2 中华人民共和国教育部发展规划司编《中国教育统计年鉴（2001年）》，人民教育出版社，2002，第17页。

"大众化"阶段的成熟期迈进。2003年全国高等教育毛入学率达17%，2004年已超过19%，已稳定处于"大众化"阶段，高等教育在校生规模也已超过2000万人，已经超过美国跃居世界第一。[1]

从1999年开始高校扩招开始，我国的高等教育规模就在迅速扩大。虽然我国的高等教育毛入学率有了很大提高，但从全世界范围看，仍处于较低水平，2000年时仅排在第92位，每万人口高等学校平均在校生数73人，远低于世界平均水平，[2]人口受教育程度仅为3.88%。而截止到2000年，全世界已有89个国家和地区的高等教育毛入学率达到了15%，进入了"大众化"阶段，其中有27个国家和地区达到了50%以上，进入了"普及化"阶段，其中美国毛入学率已达到80%以上，日本已接近"大众化"的后期，英国也正在向"普及化"迈进。[3]

1.2.3　对高校扩招的正确认识

通常我们习惯地认为高等教育的发展规模与经济的发展同步，即经济发展势态良好，则高等教育亦同步发展。但要正确认识我国高校当前扩招的现状，仅仅从经济的角度来看待是不够的，德国学者保罗·温道夫（Paul Windolf）就对这一观点提出过质疑，他认为：经济加速增长时期，就业容易，学生宁愿找理想的工作，推迟入学；而经济缓慢增长的时期，就业困难，学生愿意先入学等待机会寻找理想的工作。[4]

纵观我国历年来高等教育的发展方针及政策，我们发现随着改革开放的深入发展以及认识的逐步深化，高等教育由适度发展、稳步发展到

1　中华人民共和国教育部发展规划司编《中国教育统计年鉴（2003年）》，人民教育出版社，2004，第13页。

2　中华人民共和国国家教育委员会计划建设司编《中国教育事业统计年鉴（2000年）》，人民教育出版社，2001，第18页。

3　黄忠敬：《从国际高等教育大众化看我国高校扩招政策》，《中国教育政策评论》2000年10月。

4　同上。

扩大规模、积极发展，经历了一个不同寻常的演变过程。如果从政治、经济、人口等各个方面来对高校扩招的现状作一个认识，我们可以得到以下两个结论：

首先，高校扩招有着深层次的社会原因，是社会发展的必然，主要表现在以下几点：1.高校扩大招生规模是迎接知识经济挑战的必由之路；2.高校扩大招生规模是适应高等教育大众化发展趋势的必然选择；3.高校扩大招生规模可以让更多的学生有接受高等教育的机会，这已成为广大群众的共同愿望。

其次，高校扩招同样有着深层次的经济原因，它是促进经济增长的重要举措，主要表现在以下几点：1.高校扩招对拉动内需、启动消费投资、推动相关产业发展都有着重要作用；2.高校扩招后会使更多的资金投向国内教育市场，充分挖掘国内的教育资源潜力，缓解供需矛盾；3.高校扩招有利于减轻就业压力、保持社会稳定。

1.3　扩招与高校校园建设

1.3.1　扩招后的高校校园建设概况

扩招后的高校，对各类校舍与设备的需求大大增加，为切实解决扩招所需基础设施建设问题，国家大规模开展高校基础设施建设，我们可以通过表1-2[1]来说明这一问题。

1　中华人民共和国教育部发展规划司编《中国教育统计年鉴（2003年）》，人民教育出版社，2004，第626页。

中华人民共和国教育部发展规划司编《中国教育统计年鉴（2002年）》，人民教育出版社，2003，第384页。

中华人民共和国教育部发展规划司编《中国教育统计年鉴（2001年）》，人民教育出版社，2002，第36页。

中华人民共和国教育部发展规划司编《中国教育统计年鉴（2000年）》，人民教育出版社，2001，第350页。

表1-2　国家财政性教育经费投入情况表（单位：亿元）

年份＼学校	高等学校	其中：普通高等学校	成人高等学校
1999	472.83	443.16	29.67
2000	563.71	531.19	32.52
2001	666	632.80	33.20
2002	787.52	752.15	35.37

上述数据显示，1999—2002年是中华人民共和国成立以来国家财政性教育经费投入高等学校增长最快的时期。同时，国家在3年内还累计安排高等教育国债资金达70多亿元，拉动各方面配套投资120多亿元，额外增加中央本级教育经费470多亿元，带动了近130亿元的国民经济总支出。[1]高校扩招促使我国较快地迈入高等教育"大众化"的门槛，社会影响巨大。

从2000年至2003年，普通高校教育基本建设投资也增长较快，详见表1-3所示。[2]

表1-3　普通高校教育基本建设投资情况表

年份＼项目	2000	2001	2002	2003
基本建设投资金额（亿元）	249.38	352.63	474.65	751.08

1　李守信：《三年大扩招——中国高等学校启示录》，《中国高等教育》2001年第18期。

2　中华人民共和国教育部发展规划司编《中国教育统计年鉴（2003年）》，人民教育出版社，2004，第632—633页。

中华人民共和国教育部发展规划司编《中国教育统计年鉴（2002年）》，人民教育出版社，2003，第387—388页。

中华人民共和国教育部发展规划司编《中国教育统计年鉴（2001年）》，人民教育出版社，2002，第371—372页。

中华人民共和国教育部发展规划司编《中国教育统计年鉴（2000年）》，人民教育出版社，2001，第351—352页。

年份　項目	2000	2001	2002	2003
本年竣工建筑面积（万 m²）	1442.55	1758.50	2206.49	3547.67

上述数据显示，2003年仅全国普通高等学校就完成基本建设投资751.08亿元，竣工校舍建筑面积约3548万平方米（不含教师住宅），分别为1998年的5.74倍和5.02倍。按照目前高校生生均固定资产价值约3.6万元计算，增加10万人招生，需要增加约36亿元的固定资产投资，又可带动约107亿元的社会总产出。[1]

从2000年至2003年，高等学校（包括普通高等学校及成人高等学校）校舍的当年新建面积增长较快，详见表1–4所示。[2]

表1–4　高等学校当年新增校舍面积情况一览表（单位：m²）

年份　項目	2000	2001	2002	2003
新增面积总计	21560599	29945390	35415989	54392904
一、教学及辅助用房	6167910	11723852	16137246	24857600
其中：教室	3133068	6404924	8094149	12027256
图书馆	648113	1152499	1896348	3090222
实验室、实习场所	1883021	3500720	4851166	8055809

1　李守信：《三年大扩招——中国高等学校启示录》，《中国高等教育》2001年第18期。

2　中华人民共和国教育部发展规划司编《中国教育统计年鉴（2003年）》，人民教育出版社，2004，第60页。

中华人民共和国教育部发展规划司编《中国教育统计年鉴（2002年）》，人民教育出版社，2003，第38—39页、第134—135页。

中华人民共和国教育部发展规划司编《中国教育统计年鉴（2001年）》，人民教育出版社，2002，第36—37页、第128—129页。

中华人民共和国教育部发展规划司编《中国教育统计年鉴（2000年）》，人民教育出版社，2001，第36—37页、第108—109页。

年份 项目	2000	2001	2002	2003
体育馆	377833	493117	997308	1260183
会堂	125875	172592	298275	424130
二、行政办公用房	552454	976171	1447058	2121748
三、生活用房	8147836	12388428	14411299	23105580
其中：学生宿舍（公寓）	6024949	9475470	10974136	17621784
学生食堂	849756	56006	1599214	2836392
教工单身宿舍	431457	255310	30086	662045
教工食堂	29605	52647	58614	87701
生活福利及其他用房	812069	1227739	1435710	1897658
四、教工住宅	6692399	4856939	3420386	4307976

上述数据显示，2000-2003年间全国新建学生公寓4410万平方米，按每平方米1000元计算，仅此一项就拉动了441亿元的社会资金投入。如此大规模的校园建设使我国高等学校的基本建设呈现出从未有过的繁荣景象，几年中，许多大中城市纷纷出现了新的大学城和大学校园。

1.3.2 高校校园建设与国家投入

近年来虽然我国高等教育取得长足发展，但与经济和社会的发展相比，仍然处于较落后的地位，表现为我国的高校校园建设自中华人民共和国成立后始终受到国家投入不足的制约，这实际上正反映了高等教育的发展又必须与综合办学条件相适应。

从20世纪50年代初到1985年，我国一直对生产性建设投入较多，而对包括教育在内的非生产性建设投入不足，所以这一时期高等教育发展缓慢，落后于其他各项事业。从1985年到1999年，我国虽然允许多渠道筹措教育资金，对高等教育的投入有所增加，但总体水平仍然较低。

1999年以后，国家允许高等学校利用银行贷款，各高校开始大幅度扩招、大规模进行基础设施建设，使每年的招生人数和在校学生人数都以10%以上的幅度增长。虽然国家的投入有了大幅度增长，但高校办学条件的进步远远跟不上扩招的需求。以校舍建设为例，1998年全国普通高等学校校舍总建筑面积为1.54亿平方米，到2002年增长为3.03亿平方米，增长率为96%，[1]而这四年的在校学生人数却增长了169%。[2]

综合办学条件的不足势必会影响高校的进一步发展，而我国经济的进一步发展又需要大力发展高等教育，这一对矛盾在今后很长一段时期内会交替制约、相互促进，如何取得二者的平衡是我们今后工作的重点。

1.3.3　校舍建设与高等教育规模

按照今后在校生每年增长9%（略低于国民经济增长速度）的速度，以2004年高等学校在校生2000万人计算，要达到高等教育"普及化"阶段，也就是从目前的19%增长到50%（以静态人口计在校生达到5263万人），需要12年左右时间，平均每年增长180万人。

按照1992年教育部颁发的《普通高等学校建筑规划面积指标》，以5000人以上规模综合大学十一项校舍规划建筑面积总指标（24.23平方米/生，不含教师住宅）为例计算，如需在2004年后的12年中达到"普及化"阶段，共需增加7.9亿平方米校舍建筑面积，平均每年6588万平方米。

仅校舍建设（不包括教师住宅）的投资按每生7万元计，平均每年需1260亿元。而2002年全国高等学校基本校舍建设各种渠道投资共517亿元（其中普通高等学校475亿元，成人高等学校42亿元；国家预算投

1　中华人民共和国教育部发展规划司编《中国教育统计年鉴（2002年）》，人民教育出版社，2003，第38页。

2　中华人民共和国国家统计局编《中国统计年鉴（2004年）》，中国统计出版社，2004，第778页。

资80亿元），[1]仅相当于2004年以后12年每年所需投资的41%。

1.4　我国高校校园的改扩建

在1999年扩招以前，我国的高校校园建设曾经历过两次高潮：第一次是20世纪50年代全国高等院校院系调整，当时新建了一大批新校园；第二次是20世纪80年代，校园规划的重点是老校园的改造与整治。自1999年新一轮的高校校园建设高潮兴起以后，我国又兴建了一大批新校园，也改建了一些老校区。

1.4.1　高校校园的改扩建方式

一般来讲，高校改扩建的方式主要有以下五种：[2]

（1）校园改建：不扩展校园，而是挖掘潜力，对现有土地进行整合，调整校园建筑功能，提高容积率，降低密度，从而改善校园环境。

（2）就地扩建：逐步征用老校区周围的土地，这种方式可以保持校园的完整性和可持续发展，是最好的扩建方式，但往往会受到现实周边条件的制约。

（3）新、老校区并存：保留老校区，在老校区所在城市新征土地再建设新校区，这也是目前最普遍的方式。由于校区分离会给学校管理、交通联系带来新的问题，新、老校区之间的功能定位也需重新考虑。

（4）全部搬迁到新校区：置换老校区，另行购置土地建设新校区，这种方式可以建设一个完全符合现代化要求的新校园，但需要有较

1　中华人民共和国教育部发展规划司编《中国教育统计年鉴（2002年）》，人民教育出版社，2003，第386—387页。

2　高冀生：《高校校园规划研究与再认识》，王伯伟、高蓓：《大学集群与其空间发展策略》，两文均载《2003海峡两岸大学的校园学术研讨会论文集》，中国建筑工业出版社，2004，第34—35页、第65—66页。

长的建设周期和较大的建设量，可能会割裂原有的学校文脉和环境，并且离现有城市较远。

（5）建设大学城：我国大学城的主要表现特征是大学的集合，即若干个高校集合设置，使各自的教学资源，包括师资、课程、实验设备、图书馆、体育场馆、师生宿舍、食堂等实现共享，形成一个资源紧密联系的系统。

1999年8月河北省廊坊市东方大学城[1]的兴起，引出全国各地的大学城的盲目上马，大学城越建越多，规模越来越大。大学城和高校园区层出不穷，全国形成不同规模的大学城50多座。大学城中的高校，既有全部搬迁过来的，也有与老校区共存的。

1.4.2　部分改扩建高校一览

在1999年后的高校校园建设中，我国大部分高校都采用了上述五种方式中的后三种。下面是采取各种改扩建方式的部分新校区简况一览表：[2]

表1-5　实行校园内部改建的部分高校

高校名称	位置	用地面积（公顷/亩）	建筑面积（万 m²）	规划年份
中国美术学院南山校区	浙江省杭州市	5.57/83.5	7.23	2001
山东大学东校区	山东省济南市	106.7/1600	203	2003
山东大学西校区	山东省济南市	93.3/1400	20	2003
山东大学南校区	山东省济南市	117.5/1763	43	2003

1　东方大学城位于京津塘高速公路沿线的廊坊经济开发区，距北京30公里、天津60公里，迄今为止已经完成建筑面积165万平方米，建筑200多幢，占地1万余亩，它是国内第一座大学城，完全由企业运营，但由于涉及违法圈地、变相开发、拖欠工程款等严重问题被查封财产。参见人民网、央广《新闻纵横：调查东方大学城黑洞》。

2　根据各类内部资料整理而成。

表1-6 实行就地扩建的部分高校

高校名称	位置	用地面积 （公顷/亩）	建筑面积 （万 m^2）	规划 年份
云南玉溪师范学院	云南省玉溪市	66.7/1000	18.3	2000
西南科技大学新校区 一期	四川省绵阳市	200/3000	62	2001
长沙大学	湖南省长沙市	142/2130	26	2002
鞍山科技大学	辽宁省鞍山市 经济技术开发区	96/1440	33.78	2002
湖北教育学院	湖北省武汉市 江夏区	130/1950	24	2003
西南师范大学	重庆市北碚区	140/2100	80	2004

表1-7 新老校区并存的部分高校

高校名称	位置	用地面积 （公顷/亩）	建筑面积 （万 m^2）	规划 年份
上海大学	上海市宝山区	100/1500	36	1998
郑州大学新校区	河南省郑州市 经济技术开发区	431/6465	165	2001
浙江大学 紫金港校区东区	浙江省杭州市 西湖区塘北	213.3/3200	109	2001
四川大学双流新校区	四川省成都市 双流区	220/3300	140	2001
成都信息工程学院	四川省成都市 双流区	66.7/1000	30	2001
厦门大学漳州校区	福建省漳州市	172/2580	60.8	2001
中国美术学院象山校区	浙江省杭州市 西湖区转塘镇	53.5/803	14.2	2002
上海中医药大学新校区	上海市浦东新区	135/2025	15.4	2002
华东师范大学闵行校区	上海市闵行区	117/1755	54	2002

高校名称	位置	用地面积（公顷/亩）	建筑面积（万 m²）	规划年份
同济汽车学院	上海市嘉定国际汽车城	123/1850	60	2002
西南交通大学新校区	四川省成都市郫县犀浦镇	200/3000	108	2002
西南财经大学新校区	四川省成都市温江区	100/1500	32.8	2002
西南石油学院新校区	四川省成都市新都大区	56.7/850	36	2002
复旦大学新江湾校区	上海市杨浦区原江湾机场	134/2010	40	2003
上海交通大学闵行校区二期	上海市闵行区	333/5000	150	2003
南通大学中心校区	江苏省南通市新区	130/1950	50.8	2003
华中科技大学主校区	湖北省武汉市喻家山	417/6255	217	2003
湖北教育学院新校区	湖北省武汉市江夏区	130/1950	40.3	2003
中国海洋大学崂山校区	山东省青岛市崂山区	109/1642	54	2003

表1-8 全部搬迁到新校区的部分高校（不在大学城内）

高校名称	位置	用地面积（公顷/亩）	建筑面积（万 m²）	规划年份
成都中医药大学新校区	四川省成都市温江区	98/1470	73	2002
上海海运学院	上海市临港新区	27.8/417	12.2	2002
广东轻工职业技术学院	广东省佛山市南海区	77/1155	12	2003
中南大学	湖南省长沙市	143/2145	203	2004

表1-9　主要大学城

大学城名称	选址	容纳高校	规划面积（km²）	启动时间
东方大学城	河北省廊坊市	北京师范大学等9所	13.3	1999.8
杭州滨江高教园区	浙江省杭州市滨江区	浙江中医学院、浙江公安高等专科学校、浙江机电职业技术学院、浙江艺术职业学院、浙江商业职业技术学院、浙江医学高等专科学校	1.33	1999.9
宁波高教园区	浙江省宁波市鄞州区	浙大宁波理工学院等7所	4	1999.9
珠海大学园区	广东省珠海市	中山大学等5所高校的分校	20	1999.9
松江大学城	上海市松江区	上海外国语大学、上海对外贸易学院、上海立信会计学院、东华大学、上海工程技术大学、华东政法学院和上海视觉艺术大学	5.33	2000.7
东莞大学城	广东省东莞市	东莞理工学院、广东医学院东莞校区、中山大学松山湖生物技术学院	20	2000.9
杭州下沙高教园区	浙江省杭州市钱塘区	共14所 东区：浙江工商大学、杭州师范学院、浙江财经学院、浙江水利水电专科学校、浙江金融职业学院、浙江经济职业技术学院、浙江经贸职业技术学院； 西区：浙江理工大学、杭州电子科技大学、中国计量大学、浙江传媒学院、浙江警官职业学院、杭州职业技术学院、浙江育英职业技术学院	10	2000.12
福州大学城	福建省福州市闽侯区	福州大学、福建师范大学、福建医科大学和福建中医学院	10	2001

大学城名称	选址	容纳高校	规划面积（km²）	启动时间
西安西部大学城	陕西省西安市长安区	西北政法学院、西安邮电学院、西安石油大学、陕西师范大学、西京大学、西安财经学院欧亚学院	4	2001.12
杭州小和山高教园区	浙江省杭州市西湖区小和山	浙江工业大学、浙江科技学院、浙江长征职业技术学院、浙江求是职业技术学院、杭州外国语学校	4.55	2002
南京江宁大学城	江苏省南京市江宁区	河海大学、南京工程学院、中国药科大学、南京商业干部管理学院	17	2002.2
南京仙林大学城	江苏省南京市栖霞区	南京师范大学等8所	20	2002
沈阳南部大学城	辽宁省沈阳市浑南新区	东北大学、中国医科大学、沈阳建工学院、沈阳工业学院、沈阳药科大学、辽宁中医学院、鲁迅美术学院、沈阳音乐学院	12.5	2002
郑州龙子湖大学城	河南省郑州市郑东新区	河南省教育学院、河南省中医学院、郑州航空工业管理学院等	40	2002
济南长清大学园区	山东省济南市长清区	山东师范大学、山东轻工业学院、山东艺术学院等14所	26	2003
广州大学城	广东省广州市番禺新区	10所：中山大学、广东外语外贸大学、广州中医药大学、广东药学院、华南理工大学、广东工业大学、广州美术学院、广州大学、华南师范大学、星海音乐学院	43.3	2003
重庆大学城	重庆市沙坪坝区	重庆大学、四川美术学院、重庆师范大学、重庆医科大学、重庆科技学院等11所	33	2003

2.
当前我国高校校园及大学城规划评析

．

扩招以后，我国的高等教育呈现出爆发性增长的趋势，学生人数大幅度增加，校园面积急剧扩大。同时，随着全球进入信息化时代，高校的教育理念、人文观念、技术手段、管理方法等都有了新的发展，我们在新一轮校园规划中只有紧紧抓住这些新的发展趋势，把这些最新变化在新校区规划中充分体现出来，才能使新校区拥有强大的生命力。

2.1 当前高校校园规划的特点和面临的新任务[1]

在这次高校校园建设的高潮中，出现了与以往不同的一些新特点，主要有：

（1）高校校园建设由于响应"科教兴国"的政策号召而满足了社会的迫切需要，得到了政府有力的政策支持。

（2）新校园与大学城成为当前一段时期内高校校园建设的两种主要形式。

（3）新建校园多为一次性整体规划、集中建设，配套全、标准高、规模大。

（4）新建校园与所在城市的发展紧密相关，多作为城市重点工程。

1　王建国：《关于中国城市快速成长期大学校园规划的思考》，载《2003海峡两岸大学校园学术研讨会论文集》，中国建筑工业出版社，2004，第83—84页。

（5）得到各级政府的充足拨款和银行的可靠信贷。

（6）许多新校区的建设周期都很短，平均约为两年，一年设计，一年施工。

因此，这些新的形势和特点给高校校园的决策者和规划者提出了许多新的任务，主要有：

（1）如何在校园布局中体现现代教育理念。对我国目前来讲，就是如何在校园空间上体现"产、学、研"相结合的教育模式。

（2）如何应对校园占地的超常规模和空间、建筑尺度的巨大化趋势。在这之前的高校校园一般都在一两百亩至五六百亩之间，超过一千亩的屈指可数，[1]建筑、空间与人的尺度都较为接近。而目前的新校区动辄一两千亩，甚至三四千亩，[2]占地都相当于原来的好几个校园。面积的扩大对校园规划的布局影响显然是很大的，空间尺度的急剧扩大对设计者的心理、设计手法也产生了巨大的影响，从而最终影响新校园规划的合理性、科学性和适用性。

（3）如何将"以人为本"的理念在规划中体现出来。现代的高校需要师生积极参与，因此校园布局、空间尺度以及校园设施的人性化就显得非常重要。

（4）如何传承老校区的历史文脉。老校区经过几十年的积累和沉淀，都不同程度地拥有自己的历史文脉。在老校区旁扩建新校区时，因为有空间上的延续，这个问题还较为容易把握；但在一个完全新建的校区中却是个棘手的问题，因为文化积淀的过程是非常漫长的，没有几十年、上百年是不可能形成的。

（5）如何尊重自然、重视生态。当今社会已经进入了生态化阶段，

1　如始建于1978年的中国计量学院（位于杭州）占地仅120亩；而20世纪80年代末至90年代初兴建的上海交通大学闵行校区占地1600亩，1997年开始规划建设的上海大学占地1500亩，它们在此轮高校校园建设高潮兴起之前都可称得上是巨型大学。

2　参见第一章表1-6、表1-7和表1-8。

对自然和生态显示出空前重视的趋势。因此，在新校区规划中必须尊重和保护好用地内的生态环境，创造出与自然相协调的绿色校园。

（6）如何体现社区化和开放性。高等教育理念的更新、学科的发展以及学生人数的增加使现代的高校与社会、城市的融合日益密切，这对高校的管理、空间结构都产生了较大影响。因此，规划者在规划中做到这一点可以使校园的运行更富实际意义。

（7）如何在规划中体现可持续发展的理念。可持续发展是各个国家在各项事业中都应遵守的原则，土地资源也是有限的，我们不可能永远建设新校区，所以在建设时必须留出发展用地，为学校日后的进一步发展预留空间。

2.2 我国高校校园规划的阶段性成果（1999—2005年）

2.2.1 高校校园规划对校园建设的作用

我国1999—2005年的新校区建设取得了很大成绩，其中高校校园规划功不可没，起到了很大作用，主要体现在：[1]高校校园规划是高校事业发展的物质保障；是高校校园基本建设的重要依据和不可或缺的基建程序环节；是高校校园基本建设的指导原则；是高校校园基本建设科学管理的规范；是高校校园未来可持续发展的长期指引。

综合来看，为了应对由于高等教育爆发性成长给新校区带来的诸多新问题，这几年我国的高校校园规划在以下一些方面做了较好的研究和探讨，取得了阶段性的成果。

2.2.2 校园空间规划布局的成果

高校校园的空间布局与高校的办学性质、发展模式、教学组织方

---

1 高冀生：《当代高校校园内规划要点提示》，《新建筑》2002年第4期。

式、校园占地、地理环境等要素有关。

我国的高校按照办学性质，可分为教学型、研究型、教学研究型和研究教学型；按照发展模式，可分为传统学术型（研究方向偏向学术性，如北京大学）、实用技术型（偏向于专业技术的研究传授，如一些工科大学）和介于两者之间的综合型。

新、老校区并存的高校在教学组织方式上，可分为五种：1.新校区只安排低年级本科生，高年级本科生和研究生仍在老校区；2.新校区安排全部本科生，研究生留在老校区；3.部分院系迁至新校区，其它院系和管理机构仍在老校区；4.新校区安排低年级本科生和部分院系；5.管理机构及院系基本迁至新校区，老校区仅留个别院系或作为科研基地。[1]

新校区根据校园占地面积的大小，从近几年的实践来看可分为四种：1.小型：500亩（33公顷）以下；2.中型：500-2000亩（33-133公顷）；3.大型：2000-4000亩（133-266公顷）；4.特大型：4000亩（266公顷）以上。

按地理环境分，新校区可分为平原型、水网型、山地型、水岸型等。

在20世纪90年代以前，我国的高校校园空间布局绝大多数均为传统模式，即以功能分区为基本架构，整个校园分为教学区、科研区、学生生活区、教工生活区、体育运动区及后勤保障区等。传统模式规划布局严谨、庄重、对称，一般会形成大小不同的若干院落，建筑形式较单调。这种布局在当时校园面积普遍不大的情况下，被实践证明能适应高校校园的建设与发展，至今仍在发挥着积极作用，如浙江大学玉泉校区（原浙江大学，图2-1）等。

1　沈国尧：《高校分部新校区规划》，《新建筑》2002年第4期。

图2-1　浙江大学玉泉校区平面图

（图片来源：浙江大学基建部，为前苏联专家规划，主要建筑沿东西向中轴线
布置）

随着新校区建设高潮的到来，我国的高校校园规划中又出现了以下
几种新的空间布局模式：[1]

（1）核心型：核心型是指在校园的中心区布置核心建筑，如图书
馆、教学主楼等，或以中心绿化景观为核心，构成校园规划结构的中枢
区，其余各功能区分布在周围。此模式已成为当前校园规划中的主流，
适用于用地面积2000亩以下的高校校园。

核心型校园具有较强的聚合性和领域感，能满足校园生活的功能
性特点和需求，有自由式围合和对称式围合两种形式。如上海大学
（图2-2）。

1　高冀生：《高校校园规划研究与再认识》，载《2003海峡两岸大学校园学术研
讨会论文集》，中国建筑工业出版社，2004，第36—41页。

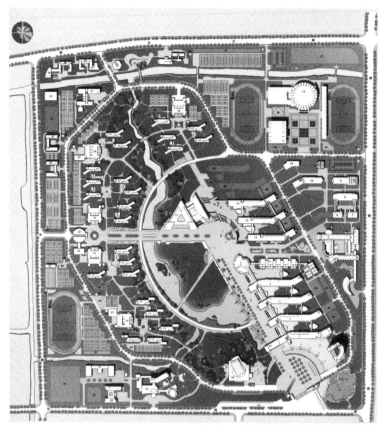

图2-2　上海大学总平面——自由式围合
（图片来源：浙江大学建筑设计研究院作品集）

（2）组团型：主要适用于规模较大的校园，以各学院建筑构成的建筑组团，或以教学、生活、运动各功能性建筑组成的基本组团单元，围绕中心区而形成校园格局。组团的尺度以方便步行为原则，组团之间的间距可有疏密。在国内2000亩左右及以上的新校园中，这种模式已经凸现了其优势，如中国药科大学新校区（图2-3）。

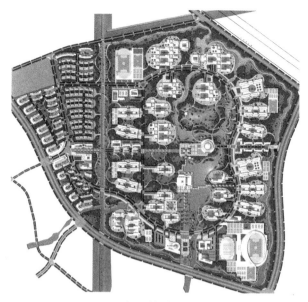

图2-3　中国药科大学新校区

（图片来源：江浩波主编《个性化校园规划》，同济大学出版社，2005，第44页。）

（3）集中型：校园建筑群布局紧凑、集中，各建筑之间往往有连廊相连，交通较为紧密，一般适用于用地较小、功能较为单一的校园，如香港理工大学（图2-4）。

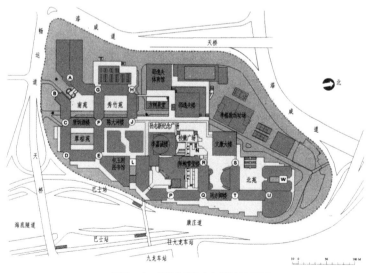

图2-4　香港理工大学总平面

（图片来源：曾焕恭、邓雪娴：《都市密度下的大学校园规划》，《建筑学报》2005年第3期。）

（4）自由型：根据实际地形与环境布置校园，如深圳大学（图2-5）。

图2-5 深圳大学总平面
（图片来源：吴正旺、王伯伟：《大学校园规划100年》，《建筑学报》2005年第3期。）

（5）动线型：动线型校园一般由两列建筑群体形成内向性的街道式中心空间，由一列建筑群体构成外向性的校园空间。这种布局模式充分利用基地既有生态状况，因势利导，形成曲折有致的校园空间；或利用纵向空间的伸展，创造丰富的空间序列。适用于场地长宽比例较大的校园规划，如中南大学新校区（图2-6）。

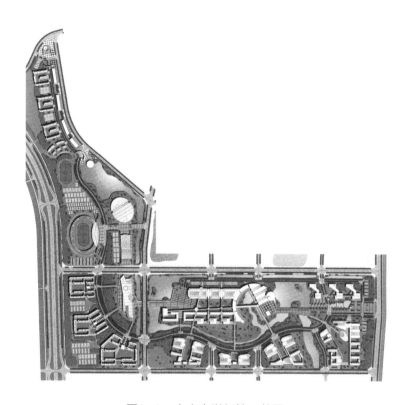

图2-6　中南大学新校区总图

（占地143公顷，各分区间距离过长。图片来源：包小枫主编《中国高校校园规划》，同济大学出版社，2005，第78页。）

（6）网格型：运用网格模数来进行设计，通过校园单体建筑的模数化将校园总平面格式化，这种空间布局模式有利于校园建筑的标准化建设，适用于有灵活性和生长性要求的校园。网格一般由建筑物或道路构成，建筑网格的密度往往更高，从空间上来说是由许多有主、辅、次之分的动线空间与有大、中、小之分的围合空间所组成的排列组合。

网格型校园空间规划布局模式，适合校园分期实施的情况，对于在土地、资金和招生状况不确定的条件下进行的校园规划设计具有极大的参考价值，如复旦大学新江湾校区（图2-7）。

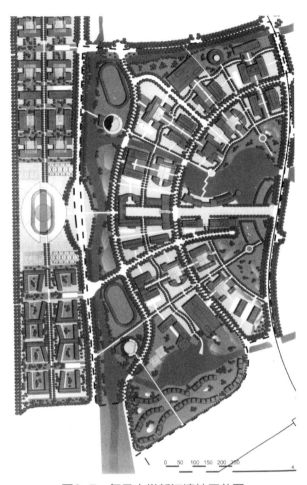

图2-7 复旦大学新江湾校区总图

（占地134公顷，呈放射状网格布局，建筑单独划分小地块，以开放式交通性
道路分隔。图片来源：包小枫主编《中国高校校园规划》，同济大学出版社，
2005，第15页。）

（7）综合型：这类校园空间布局模式融汇了不同层次的空间形
态，结合了条形空间与块形空间、动态空间与静态空间，丰富了校园的
空间功能和品质，一般应用在大型高校校园的规划实践中，如四川大学
双流校区（图2-8）。

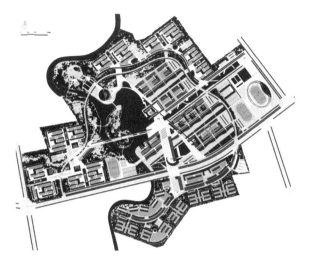

图2-8 四川大学双流新校区

（占地200公顷，各功能区围绕生态核心公园，教学区采取带状布局。图片来源：包小枫主编《中国高校校园规划》，同济大学出版社，2005，第52页。）

2.2.3 其他方面的成果

1.传承历史文脉

（1）华东政法学院松江校区（图2-9）。

图2-9 华东政法学院松江校区的建筑风貌

（图片来源：江浩波主编《个性化校园规划》，同济大学出版社，2005，第85页。）

华东政法学院老校区的前身是著名的教会大学——上海圣约翰大学，有着深厚的历史文脉与人文精神，建筑风格古朴典雅、中西合璧、稳重内敛，具有独特的风貌。新校区与老校区的整体风貌相协调，采用古典的建筑风格和庭院式的建筑空间，运用老校区中的建筑符号，沿袭老校区的文脉。

（2）湖南省第一师范学校东方红校区（图2-10）。

图2-10　湖南省第一师范东方红校区总图
（图片来源：江浩波主编《个性化校园规划》，同济大学出版社，2005，第48页。）

湖南省第一师范学校创建于1903年，其前身是南宋创办的城南书院，有着"千年学府，百年师范"的美誉。老校区位于长沙城南妙高峰下、湘江岸边，与岳麓山隔江相望，环境优美。新校区充分挖掘学校历史的文化内涵和时代精神，借鉴老校区的中国传统院落式空间结构和轴线式布局，与自然地形紧密结合，营造出优雅宁静、浓郁深厚的书院气息，在空间景观、建筑造型上也体现出学校深厚的文化底蕴和人文精神。

2.生态化绿色校园

上海交通大学闵行校区二期以生态校园为主题，用河流、水面、生态绿岛共同组成校园的生态景观核心。（图2-11）

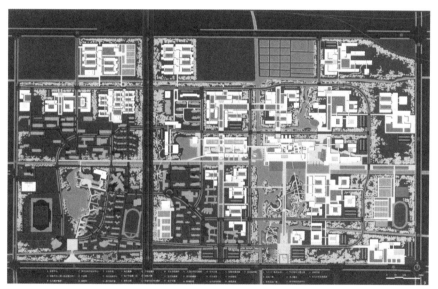

图2-11 上海交通大学闵行校区一、二期总图

（图片来源：包小枫主编《中国高校校园规划》，同济大学出版社，2005，第27页。）

3.尊重自然的特殊地形校园

（1）山地大学校园：西南师范大学扩建（图2-12）。

图2-12 西南师范大学总图（西南角为新扩建的部分）

（图片来源：江浩波主编《个性化校园规划》，同济大学出版社，2005，第87页。）

山地地形和良好的植被是老校区的最大特色，扩建部分继承了老校区的组团式布局模式，注重校园的山水地域特征。

（2）水乡地域中的大学校园：苏州大学新校区（图2-13）。

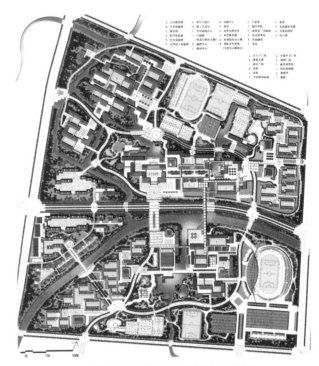

图2-13 苏州大学新校区总图

（图片来源：包小枫主编《中国高校校园规划》，同济大学出版社，2005，第82页。）

汲取苏州古典园林和江南水乡的精髓，建构以水为核心的校园空间布局。

4.与城市互动

同济大学汽车学院坐落于上海嘉定国际汽车城，成为国际汽车城教育培训、科研开发、市场服务、国际交流的主要基地，是一个综合性、开放性、国际性的新校区。（图2-14）

图2-14　同济大学汽车学院区位图
（东侧深色区块为同济大学汽车学院，其西侧隔河相望的即是上海国际汽车城。图片来源：包小枫主编《中国高校校园规划》，同济大学出版社，2005，第47页。）

5.个性化校园

苏州工艺美术职业技术学院着眼于开放性、共享性的规划理念，结合美术院校的艺术特点，采用突破常规的、无序的、多中心的设计手

法，创造出富有个性的校园空间。（图2-15）

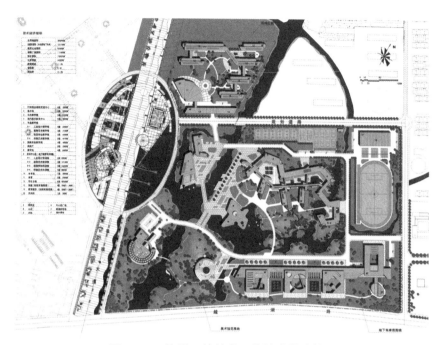

图2-15 苏州工艺美术职业技术学院总图

（图片来源：江浩波主编《个性化校园规划》，同济大学出版社，2005，第32页。）

6.创造和谐统一的场所精神

厦门大学漳州新校区集山、溪、湖、海于一体，东面临海，在规划中贯穿"体验性设计"的思想，把握整体意境，体味场地和将来可能产生的生活场景之间的关联，从而在校园中创造出"场所精神"。（图2-16）

图2-16 厦门大学漳州新校区总图

（图片来源：包小枫主编《中国高校校园规划》，同济大学出版社，2005，第62页。）

2.3 目前我国高校校园规划中存在的问题

虽然我国的高校校园规划在新时期取得了一定的成绩，但从已建成的新校区的使用情况来看，仍或多或少地存在着以下一些主要问题：

（1）由于当前个别高校片面地强调研究型高校的特点，表现在校园规划上就会产生以下现象：教学用房日益缩小，科研用房日益扩大；教学用房大型化，不利于小班讨论交流；基础实验设施和陈列设施日益萎缩，和科研设备相融合。

（2）由于学校总体发展计划对学校定位的不清晰或不恰当（包括过于超前或滞后）、学生规模和学科设置不当以及教学科研体制不明确，造成新校园规模和建筑规模不当、建筑功能出现不确定性，经常会出现造好的建筑改作它用的现象。

（3）部分新校区的区位不当，与市区的距离过远，削弱了教育发展的后劲，也不利于学生融入社会。

（4）很多新校区的规划规模超前，征地面积巨大，校园建设上追求所谓气势与冲击力。一般应以学生步行5分钟距离（即400米）为半径来限定校园的用地规模。[1]

（5）校园用地面积和单体建筑面积大大增加，促使建筑物乃至校园外部空间的尺度较以往有成倍增长，过大的空间尺度让人们感到无力或难以驾驭，甚至无法细细体会。

（6）目前我国高校校园往往采取集中建设的方式，其中包括以下几种表现形式：

一是拥有若干个分散校园的高校倾向于全部集中到一个完整的校园内。这种方式一般会将原有校园全部进行置换，校方的主要目的是使各学科之间联系更加紧密，学校管理更加方便，并能更新校舍和设备，营造一个更大规模的校园。

二是新校园的建设周期较短。纵观近五年我国的高校校园建设，各高校从选址、征地、规划直到基本建成，周期一般不会超过两年。

三是校园中的建筑组团绝大部分都是一次性建设完毕。校园各建筑组团基本上都是全面铺开建设，包括不同功能的和相同功能的。每一组建筑也基本上是一次建成。

（7）部分高校新校区采取图形化的平面构图和道路布局形式，强调设计标志性建筑，建筑与环境的创造往往被当成单纯的艺术创作，把空间形体作为设计主题，片面强调构图、比例、均衡、韵律等视觉美学要素。

1　马烨:《校园形态评析》,《建筑学报》2005年第3期。对校园可及性的论述：校园内师生课间交往以步行为主，一般课间活动时间10-15分钟，校园中心合理课间活动半径为5分钟步距，即80m/min×5min=400m（r），$\pi r^2 = 3.14 \times (400)^2 = 500000m^2 = 50ha = 750$亩，所以对于一所大学校园，步行较为舒适的范围应在50公顷之内。

（8）部分高校校园规划过于注重功能分区、交通组织、空间结构、形式美学等物质空间环境，人的需求被简单化、抽象化，造成校园生活空间的单调和交通流线的不合理。

（9）忽视基地环境，对基地的生态、水文、土质、动植物等情况缺乏足够的认识，规划出来的方案缺乏适应性和针对性。

（10）校园历史文脉的传承不够，大部分新校区采取的仍是与老校区毫无关系的空间布局和建筑风格，一定程度上造成了校园人文环境的失落。

2.4 大学城评析

2.4.1 大学城的概念和发展历史

1999年高校扩招以后，国内很多城市除了规划建设一些独立的新校区外，还陆续开始筹划兴建大学城，有些建设进度较快的大学城已基本建成并投入使用。而在这之前，我国并没有大学城，只是兴建了一些文教区，如北京西郊的八大学院（图2-17）。[1]

1　八大学院是指建于20世纪50年代初的北京林学院、北京农机学院、北京矿业学院、北京石油学院、北京地质学院、北京钢铁学院、北京航空学院、北京医学院。

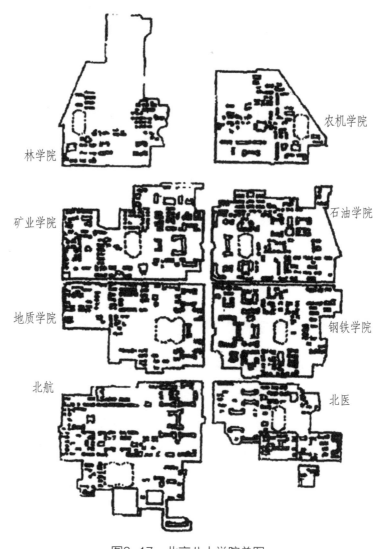

林学院

农机学院

矿业学院

石油学院

地质学院

钢铁学院

北航

北医

图2-17　北京八大学院总图

（图片来源：吴正旺、王伯伟：《大学校园规划100年》，《建筑学报》2005
年第3期。）

大学城的概念是从国外传入的，美国称之为大学城（College Town,
University Town）而在我国，根据这几年大学城的规划建设情况，它指
的是由若干实行了公共资源（生活设施、后勤保障设施或体育设施甚至
教学设施）共享、互相配合协同运作的高校集聚形成的高校群。在有些
城市，大学城又被称作高等教育园区、国际教育园区等。

国外大学城的形成历史可以分为四个时期：[1]

（1）起源期：以中世纪巴黎大学为代表，是世界范围为大学城的雏形。

（2）初步形成期：以13—18世纪的英国牛津大学、剑桥大学为代表，是大学城的前期形态。牛津和剑桥距离伦敦均只有几十公里。

（3）发展期：从18世纪开始，以英国大学城为代表，规模逐步扩大走向定型，如曼彻斯特、谢菲尔德、诺丁汉等大学城。此外，19世纪下半叶，大学城在美国也形成一种趋势，最早的实践是麻省理工学院。这一时期，大学城是在城市背景下发生的城市肌理的一种突变，代表了城市美化运动的趋势。

（4）成熟期：从20世纪五六十年代起至今，一些发达国家为了适应时代发展建设了一些大学城，如1951年创办的斯坦福研究院，后来发展成为世界上第一个高科技园"硅谷"。许多大学城建在大都市地区，具有便利的交通和良好的通讯条件。

2.4.2　国外大学城的类型与特征

国外的大学城大多是随着大学的发展自然聚集而成，主要有以下两种类型：

（1）先成立大学，随着大学的发展，围绕大学逐步形成城镇。在这种城镇中，大学的学生和教职员工占了较大比例，分布居住在整个城镇中，另外还有较多的居民所从事的工作也都与学校有关。如英国牛津大学所在的牛津镇（图2-18）、剑桥大学所在的剑桥郡，比利时鲁汶大学所在的鲁汶镇，美国哈佛大学和麻省理工学院所在的剑桥镇等，都是这种类型。

1　吴浔：《国际大学城概览》，《上海教育》2001年第10期。

图2-18　英国牛津镇俯瞰：牛津镇和大学的建筑互相穿插结合成一个整体
（图片来源：Stefan Muthesius. *The Postwar University*. Yale University Press, 2000, p.177.）

（2）在某个城镇中建立大学，大学在城镇中不断扩展，使得这个城镇逐渐成为拥有大学悠久文化的"大学城"。这类城镇的城市空间和形象因拥有历史悠久的名校而非常独特，如德国海德堡市，就因拥有始建于1386年的海德堡大学而成为著名的"大学城"（图2-19）。

图2-19　德国著名大学城海德堡俯瞰
（近处老城内有海德堡大学的老教学楼，远处是新科研建筑。图片来源：笔者自摄）

随着科技革命和产业结构的调整，二战以后又出现了一种由政府主导建设的大学城，这类大学城的内涵实质已发生变化，其实质是大学科技园区，例如美国波士顿高技术产业带（1951年）、苏联西伯利亚科学城（1957年）、法国索菲亚安波利斯工业园区（1969年）、日本筑波科学城（1973年）、印度班加罗尔软件技术园区（1986年）。[1]

国外的大学城具有较强的开放性，校与校之间、校与社区之间边界模糊，互相融为一体（图2-20）；学科之间、学校与社区之间资源共享，与城市的发展同步。比如美国的耶鲁大学，它在历史上与学校所在的纽黑文市一同生长扩张，二者相互咬合，沿校园边界生成许多师生、市民和外来者所共享的丰富空间（图2-21）。耶鲁的教堂街（Chapel Street）既是耶鲁大学的视觉和行为艺术中心，又是该市的主要零售商业街；惠特尼大道（Whitney Avenue）和格罗夫街（Grove Street）的零售和艺术服务区承载了耶鲁大学的行政办公、饭店、咖啡馆、排屋、美术馆和艺术区等诸多功能，同时这些地方也吸引了纽黑文市的市民，是最具活力和最有意思的城市公共场所。

图2-20　新西兰奥克兰大学的街道与周边社区融为一体
（图片来源：笔者自摄）

1　卢波、段进：《国内"大学城"规划建设的战略调整》，《规划师》2005年第1期。

图2-21 美国耶鲁大学的校园街道

（包小枫主编《中国高校校园规划》，同济大学出版社，2005，第106页。）

　　另外，耶鲁大学最传统的建筑群——住宿学院也是多种功能相互叠加，十二所住宿学院每所都是一座综合建筑，拥有公共休息室、食堂、图书馆、学院办公室（包括院士套间和教师办公室）、学生活动区、学生住宿区和研究生室，是学生进行学术研究和社会活动的重要场所。复合式的空间使用模式，将不同活动功能纳入一幢单体建筑内，体现了耶鲁大学极其突出的城市化校园特征。[1]

　　1　李晴编译《都市型校园发展的新模式——耶鲁大学校园规划框架介绍》，载包小枫主编《中国高校校园规划》，同济大学出版社，2005，第104页。

2.4.3 国内大学城的发展背景和规划建设

2.4.3.1 发展背景

我国大学城的产生首先源于1999年开始的高校扩招，但从深层原因来探究，大学城还受到许多时代背景因素的推动：

首先，世界经济合作组织从1997年就提出全球已进入知识经济和知识社会的时代，智力资本已成为一个国家最重要的资源，知识生产率成为国家竞争的决定性因素。[1]因此，城市空间特征随之发生变化，知识园和高新技术园成为城市新的空间要素。

其次，改革开放以后，尤其是经过1999年以后的大规模扩张，我国高等院校的发展摆脱了投资建设模式的单一化，转变为国家、地区和社会共建，为高校服务地区经济提供了基础。

最后，各级政府日益重视城市建设，它为提高城市竞争力、促进国民经济发展都起到了重要作用。推进大学城的建设，有利于开发城市的外延空间，增加城市存量空间的价值。

由此可见，大学城是我国高等教育在新的形势下，在城市空间中体现出来的新的教育组织形式，是经济全球化背景、经济快速增长、社会需求和城市规划发展等因素交互作用的必然结果。

2.4.3.2 建设概况

截止到2004年，国内有40多个城市已经建成或正在规划建设大学城，大学城数量达到54个，主要的大学城已在表1–9中列出。在规划建设上，我国的大学城呈现出以下一些特点：[2]

1　张凤：《国家创新系统与我国第二次现代化》，《世界科技研究与发展》1999年第6期。

2　卢波、段进：《国内"大学城"规划建设的战略调整》，《规划师》2005年第1期。

（1）在区域分布上，大部分集中在东部沿海地区，中、西部地区仅占三分之一。

（2）在建设规模上，大多数占地在10—20平方千米之间，占地在30—40平方千米和在10平方千米以下的总共占了30%左右。

（3）大学城的建设目的主要有以下四种：①整合教育资源，发挥高校集聚效应，如苏州国际教育园、大连大学城；②满足地方经济，改善城市文化，如深圳大学城、珠海大学园区；③作为大型开发项目带动新城区、卫星城的发展，如上海松江大学城、广州大学城、沈阳南部大学城；④社会企业对高等教育进行投资，作为政府主导建设的补充，如河北廊坊东方大学城、北京吉利大学城。

2.4.3.3　规划特点与实例

在规划方法上，我国的大学城通常采用城市规划和城市设计相结合的手法，一次规划，逐步实施。

在规划布局上，各大学城一般都在核心位置设置共享区，共享区的内容各大学城有所不同，有的是学生公寓及其他生活设施，有的是体育、文化、商业等活动设施，有的是绿化带，各高校校园均围绕核心区布置。

在道路构架上，各大学城一般都与城市快速路直接相通，并通过若干条城市主干道与主城区相连，有的还规划了地铁。在内部道路结构上，它们均以校区来划分、组织，或形成多重环路网，与城市道路网类似。

在绿化布置上，各大学城均有一个核心公园，城内各组团或各校区间再布置二级绿地，与城市之间、与周边其他区块之间、与快速路之间均留有绿化隔离带。

下面介绍杭州下沙高教园区、广州大学城、郑州大学城等几个大学城的规划建设实例。

1.杭州下沙高教园区（图2-22）。

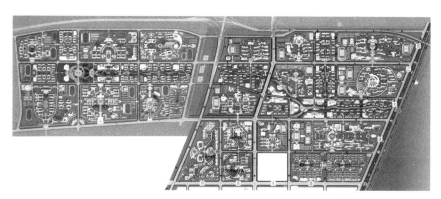

图2-22　杭州下沙高教园区总图

（图片来源：顾哲、华晨:《杭州下沙高教园区规划设计》,《建筑学报》2005
年第3期。）

　　杭州下沙高教园区是目前浙江省最大规模的高教园区，位于杭州东
部的下沙地区，南临已建成的杭州经济技术开发区，距离市中心的武林
广场约28千米，园区规划面积10.92平方千米，总建筑面积约480万平方
米，总投资86亿元，规划容纳14所高校。

　　下沙高教园区东西长5.2千米，被绕城高速公路分隔成东、西两部
分，西区3.7平方千米，东区6.42平方千米。下沙高教园区在规划设计上
采用"平行带状、轴状形态"的总体布局方式，中央规划成共享区，布
置建设学生公寓、食堂、教工公寓等生活配套设施；同时建立了纵横交
错、便捷高效的园区交通体系，实行了资源共享和设施社会化服务，努
力追求简洁、宽松、开放的总体氛围。[1]

　　下沙高教园区于2000年12月正式启动建设，其中作为一期的西区
于2001年9月建成，总建筑面积约220万平方米，包括了杭州电子科技大
学、中国计量大学、浙江理工大学、杭州职业技术学院、浙江警官职业
学院、浙江传媒学院等6所高校；作为二期的东区于2004年9月建成，总

　　1　顾哲、华晨：《杭州下沙高教园区规划设计》，《建筑学报》2005年第3期。

建筑面积约280万平方米，包括了浙江工商大学、杭州师范学院、浙江财经学院、浙江金融职业技术学院、浙江经贸职业技术学院、浙江经济职业技术学院、浙江育英职业技术学院、浙江水利水电专科学校等8所高校。

下沙高教园区的建设将为开发区的发展提供产学研一体化平台和技术创新成果，有利于进一步加快开发区高新技术产业的发展。目前，杭州经济技术开发区依托下沙高教园区规划建设全省最大规模的大学科技园区，占地1平方千米的大学科技园区将构筑起下沙高教园区15所高校和开发区产业互动发展的平台，主要承担起IT、生物医药等高新技术的孵化功能，促进产学研有机结合，提供高校科学研究和技术交流基地。

2.广州大学城[1]（图2-23）。

图2-23　广州大学城规划总图

（图片来源：广州大学城建设指挥部办公室编《广州大学城校区建设规划简介》，2003。）

1　广州大学城建设指挥部办公室编《广州大学城校区建设规划简介》，2003。

广州大学城选址在番禺区新造镇的小谷围岛及其南岸地区，总面积43.3平方千米，规划总人数35—40万人。在广州城市空间发展关系上，选址正好位于母城与新城之间，大学城距离它们的直线距离均为17千米，有利于互相之间保持密切的联系，近期建设的小谷围岛约18平方千米。

广州大学城的总体规划贯彻"政府主导、集约建设"的模式，充分利用市场化、社会化的方式组织建设，城市基础设施采用综合管沟的方式集中建设，和公共服务体系资源一起得以高度共享；教学资源优化配置，促进各高校的学科融合和渗透。

广州大学城的总体布局采用"轴线发展+组团放射"的结构，空间结构层次为城—组团—校区。轴线上布置综合发展区、信息与体育共享区及会展文化共享区，实现了城市公共资源、体育设施、商业服务和交通网络的高度共享和充分利用，并构成了广州大学城的中心区，其核心是一座中心生态公园。岛上共安排了中山大学、广东外语外贸大学、广州中医药大学、广东药学院、华南理工大学、广东工业大学、广州美术学院、广州大学、华南师范大学和星海音乐学院等十所高校，分为五个组团，各组团由教学区、生活区、资源共享区、组团公共绿地构成，各高校的大门都临江而设，各校区均不设围墙。规划由内环路、中环路、外环路加上十二条放射路构成开放式的路网结构，两条地铁呈十字交叉经过，中部的快速路和外部高速公路相连，还有三条隧道分别与周边地区相连接。规划中还保留了原有的四个村落，保护了历史资源和传统文脉。

广州大学城从2003年10月开始建设一期工程，总建筑面积约230万平方米，主要包括各校满足首期招生的校舍，已于2004年9月投入使用。目前正在进行二期工程的建设，总建筑面积约290万平方米，计划于2005年6月建成。另外，2004年7月1日广州成功申办亚运会后，大学城主体育场、体育馆、国际文化交流中心及各高校体育场馆等也开始建设；在岛的西端还建设了广东科学中心，在岛的南端建设一个民俗文化村。

3.郑州大学城[1]（图2-24）。

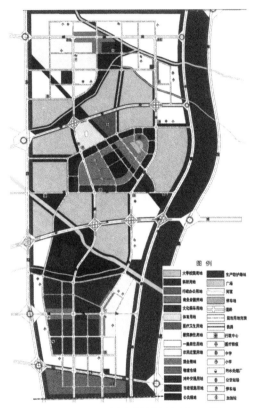

图2-24　郑州大学城规划分区图

（图片来源：田银生、宋海瑜：《大学城建设与城市发展——以郑州龙子湖大学城规划为例》，《规划师》2005年第1期。）

郑州龙子湖大学城位于郑州市区东部，是郑东新区的重要组成部分，紧临正在建设中的龙湖CBD，北靠临黄河的生态带，南临陇海铁路，东西最宽4.8千米，南北长10千米，总面积约40平方千米，规划总人数约40万人。龙子湖大学城的规划建设承担着推进河南省高等教育发

1　田银生、宋海瑜：《大学城建设与城市发展——以郑州龙子湖大学城规划为例》，《规划师》2005年第1期。

展的重要使命，预计将有十余所高校入驻。近20万师生的进驻会给大学城和郑东新区带来巨大的活力，也有助于郑州市双核规划结构的形成，改变多年来铁路分割对城市发展形成的限制。

郑州大学城的规划特别重视生态，以龙子湖北面的黄河生态带为依托，把黄河生态带延伸过来引入城市，形成环形生态带，利用河道、铁路、城市快速路等形成防护林带，开辟连接重要公共空间和景观节点的景观廊道，扩大自然和人工景观的控制范围，提升整个大学城的环境品质，并以带状开敞空间作为通风走廊，把周边地区的清新空气引入市中心。

2.4.4　国内大学城存在的主要问题

大学城的规划建设为地方经济的发展提供了智力支持，同时也为我国高校的发展提供了一种新的发展模式，如已建成投入使用的有上海松江大学城、杭州下沙高教园区、宁波高教园区、深圳大学城等。但由于时间较短，目前已建成投入使用的大学城不同程度地存在着一些问题，主要有：

（1）对大学城缺乏深入的研究，定位不明确。大学城建设的空间本质应是城市空间与教育空间发展的耦合，而我国大多数省份都在规划和兴建大学城，少则一个，多则九个。[1]

（2）有些大学城往往更注重形式，建设量不足，引进的学校没有达到预定规模和影响。

（3）个别大学城离主城区太远，不利于学生的成长；教师大部分住在主城区，通勤时间较长，学校每年的交通运行成本较高。

1　国土资源部进行的一项有关大学城的专题调查,在全国大多数省份中上马大学城的少则1个,最多的竟然达到了9个。据不完全统计,全国各地的大学城已经超过50个,有的城市同时在建的大学城项目就有三四个。参见人民网：《大学城热：新的"圈地"怪胎》，2004，https://m.mnr.gov.cn/dt/ywbb/201810/t20181030_2232294.html。

（4）大学城有一些有别于传统大学校园的特色，如强调通过资源共享来提高设施的利用率、以公寓社会化运作来减少办学成本等，但在实际操作中距离理想目标还有一定差距。

（5）目前大学城的规划还是过多地局限于高校的物理组合，致使大学城与周边城镇的有机融合不充分，从形式上讲更接近于一个大的文教区。

3.
高校校园规划的前期论证内容

高校校园规划的前期论证，一般来讲，是指高校在启动校园建设前，对高校的总体发展战略、学生规模、校园选址、校园土地使用、各学科组织结构、校园规划建设内容、校园规划原则、建设总投资以及资金筹措方式等进行详细的论证，以保证高校校园规划的科学决策。

3.1 高校总体发展战略

高校总体发展战略是指决定高校未来发展的长期目标与目的、行动路线，并对实现这些目标所需要的资源进行有效配置的活动。它的实质是对高校教育活动实行的总体性规划，主要任务是确立今后一段时期高校的奋斗目标、发展思路、办学理念、特色定位以及为达到这些目标所应选择的办学模式和战略举措等。[1]

当前，全球科技日新月异，一个国家的科技水平很大程度上取决于高校的发展，高校在继续发展其教育职能的同时，开始承担起越来越多、越来越复杂的科研活动和为社会服务的职能。因此，高校总体发展战略对现代高校的管理和发展是至关重要的，它是各组织机构战略的集合体，战略计划制定得如何，直接影响着整个高校的总体发展水平。

高校总体发展战略为高校校园规划提供了最基本的蓝图。在高校校

---

1 田建荣：《战略管理：高校发展的关键》，2007，http://202.117.150.228/ghtongxun/2003.04/gxfzhdgj.html.

园规划的前期论证中，首先要考虑的内容就是高校总体发展战略，它可以为高校校园在确定学生规模、校园选址、校园土地使用、校园规划建设的内容、校园规划理念、建设总投资及资金筹措方式等内容时提供原则性的指导意见。因此，在进行高校校园规划前期论证时，高校应主要从全局性和长期性两方面综合考虑学校的发展战略，使学校内部条件与外部环境相结合，为高校发展创造出更大的空间，总体发展战略不能只规划眼前的近期目标，而要着眼于高校的未来。

3.2 高校规模

高校的规模主要指在校学生的人数，它是目前决定高校校园征地面积和建筑面积规模的主要因素。长期以来，我国高校走的是一条"外延式"的发展道路，对"内涵式"发展不够重视，致使高校规模普遍偏小。在扩招前的1995年，我国1080所普通高等学校中，规模不足2000人的就有579所，占了高校总数的53.6%。[1] 偏小的高校规模导致了有限资源的低效率分散使用，降低了规模效益，最终限制了高质量人才的培养。

高校规模效益的衡量标准主要有三个：校均规模、生师比和生均成本。在发达国家的高校中，平均生师比为20∶1，其中美国为30∶1，我国则远远低于这一比例。此外，我国高校教职工中非教学科研人员的比例偏高，如1999年全国普通高等学校教职工总人数为106.51万人，其中专任教师只有42.57万人，只占教职工人数的40%，而非教学人员则占了总人数的60%。[2] 高校合并、扩大高等院校的办学规模都可以提高高校的规模效益，适度的高校合并能带来校均规模的扩大、生均成本的降低和生师比的提高。通过前一阶段的调整和扩招，我国普通高等院校的

1　《高等教育布局与规模研究》(内部资料)。

2　同上。

校均规模已有所增长，已从1994年的1900人增加到2003年的7143人。[1]

但是，高校规模也不是越大越好，只有保持适度的规模，才能够达到效益的最优化，而且对于不同环境、不同类型、不同特点的高校，最佳规模也会有所不同。就教育的本质来看，影响高等教育规模发展的主要因素是高校人才培养的规格和质量能否适应经济社会发展的需求，并有效地促进经济社会的发展。此外，高校的管理水平、教学质量、科研实力、学校定位、办学宗旨、生源质量、实验设施、教师数量、图书资料及校舍面积等也都是影响的因素。

3.3 高校校园选址

校园选址是一件非常重要的事情，选址的正确与否直接关系到高校今后的发展。不同学科特点、不同规模、不同历史的高校选址依据都不尽相同，具体而言，在选址时应该把握以下几个原则：

（1）将高校规划与所在城市和区域的经济产业发展规划和教育发展规划有机结合起来，统筹规划，合理布局，科学选址，可以用分析城市规划的方法来分析高校校园规划。

（2）目前高校新校区的规划已突破单一城市特定功能区的概念，要从外围上充分考虑高校作为智力孵化器对城市的辐射功能，并从内部去适应教育的可持续发展，以便为未来的变化提供必要的空间铺垫和准备。

（3）新校区与老校区之间应避免相距过远而造成管理与交通上的不便，位于郊区的高校校园最好有相应的城镇配套，以满足师生基本的生活需求，坚决避免出现校园"前不着村，后不着店"的情况。

（4）综合论证高校的学生规模、土地利用、基础设施、投资经费

1　中华人民共和国教育部发展规划司编《中国教育统计年鉴（2003年）》，人民教育出版社，2004，第15页。

等情况，再最终决定校园的选址和教育空间建设模式。

3.4　高校校园土地使用

高校校园的土地测算主要依据以下几点：①高校远期发展的总规模，包括本科生、研究生和留学生的人数，不含各类继续教育学生；②按1992年颁发的《普通高等学校建筑规划面积指标》中院校相关指标（包括建设、绿地和体育用地）及补充指标测算，可得最低标准；③其他单列要求补助的土地面积，如医院等；④城市代征用地，如城市道路、绿化带、河流、公用设施用地等。

现代高等院校应该按照院校本身的发展规划，科学地、可持续地进行征地；要根据高等学校所拥有的院系、学科和专业的特点，根据自身的财力、融资渠道及未来的发展方向等，并依据我国高等教育未来的发展规律和走向，细致研究后得出自身所需要的校园用地规模。历史较久的高校要充分利用老校区原有占地，拆除、改造一些旧的建筑设施，调整、转换或更新为新的功能，充分挖掘自身的空间潜能，向上向下立体化发展，努力提高土地的利用率，使旧校园焕发出新的生机。

对校园选址所用地的现状情况我们也要进行详细分析，以对以后的学校校园规划布局起到指导作用。主要应分析以下内容：①用地范围、界线以及所在城市规划部门的有关规定；②用地四周环境、条件及其对用地的影响与要求；③用地内的地形、地貌、地质、水文和气象等情况；④用地内的生态系统及植被保存情况；⑤用地内的现有建筑物、构筑物、古迹等情况；⑥用地内外的道路交通条件；⑦用地内外的水、电、气等基础设施情况；⑧对校园的环保、人防及消防等限制情况。

3.5　高校学科组织结构

学科是高等学校的基本单元，也是高校校园规划的重要参考内容。

教育部1998年颁布的《普通高等学校本科专业目录》中，分设有11个学科门类，下设72个学科类别、249个专业，专业比以前减少了255个，这意味着专业面得到了拓宽、专业适应性得到了加强。我国高校的组织结构一直以"校—院（系）—专业（所、室）"的模式为主，这种模式层级分明，有利于上情下达、提高办事效率，在学科建设中发挥过重要作用，对过去那些教学任务不多、科研工作不复杂的高校可能是合适的，但对于那些在现代教育形势下承担日益复杂的教学科研任务的高校来说，就会出现层级结构单一、难以交叉协调、信息不对称等问题，不利于学科的交叉和新专业的产生，不利于高素质人才的培养，不利于资源的科学配置。

当前，我国的经济和科学发展日新月异，以往那种单一的学科组织结构早已不能适应社会和时代的需求，迫切需要变革与创新，学科交叉成为高校最为紧迫的任务。近年来，一些跨专业的研究中心、课题组等纷纷出现，与原来单一专业的研究所（室）一起，共同组成新的学术机构，但目前还多限于本学院或本系的行政范围内。而事实上，当前需要通过多个学科、多种知识领域合作才能有所突破的科研工作也日益涌现，所以必须在保持原有教学和日常行政管理架构的基础上，突破院系的行政界限，构建新的学术研究组织形式，比如学科群，就是将研究方向相近或相似的若干学科有机地组合起来，它的组成人员不是静态不变的，研究方向或领域可根据实际需要进行动态调整。学科群不仅融合了国内外大学的科研经验和多学科的优势，融合了研究活动和研究生培养，融合了高校和产业部门、国家科研机构，还融合了技术创新、组织和制度创新，研究院、交叉中心（平台）和国家实验室等都是它的表现形式。

3.6　高校校园规划建设内容

高校校园的规划建设内容主要涉及校园建筑、校园场地和校园基础设施三大方面，我们必须对它们应采用的类型、规模和标准等进行详细论证。

（1）校园建筑，一般包括：①基础教学用房，包括各类普通教室（小班辅导教室、合班教室、阶梯教室）、设计制图教室、语音教室、多媒体教室等；②基础科研用房，包括基础课和专业基础课所需的各类实验室、实习场所、计算中心以及各种附属用房；③公共平台，包括校级行政用房、图书馆、博物馆、文化中心、会议中心、培训中心、分析测试中心等；④学院用房，指各学院、各系大楼，包括院系行政用房、专业教室、专业课实验室及科研用房等；⑤体育场馆，包括综合体育馆、健身房、各单项运动馆、体育场、篮排网球场等；⑥生活后勤用房，包括学生宿舍、食堂、医院、招待所、各类库房、各类设备用房及教工宿舍等。

（2）校园场地，一般包括：①道路，包括各级机动车道、步行道、天桥、地下通道等；②广场，包括校前广场和各建筑前广场；③水体，包括保留的河道水塘、新开挖的人工湖、河道、水池等；④绿地，包括主要绿化场地、河边绿地、沿道路绿化、建筑前绿化等；⑤庭院，主要指各建筑内部的园林绿化；⑥其它硬地，包括停车场和各类硬化过渡空间等。

（3）校园基础设施，一般包括：①给排水设施，包括水泵房、污水处理站、给水管、排水管、水闸等；②电气设施，主要包括电线电缆设施、配电房和灯光照明系统等；③消防设施，包括消控中心、消防设备等；④智能化系统，包括通信网络系统、计算机网络系统、综合布线系统、闭路电视监控及防盗报警系统、卫星接收及有线电视系统、公共广播系统、多媒体教学系统、会议系统、一卡通系统、智能照明系统、建筑设备监测系统等；⑤暖通及动力系统，包括空调、蒸汽、燃气等；⑥无障碍设施。

3.7 高校校园规划原则

高校校园规划原则主要是指高校校园布局模式、功能分区、开放空间、交通、生态景观、环保防灾以及人文环境等要素的处理原则。

3.7.1 校园布局模式

纵观国内外高校校园的发展,可以发现它们与社会经济文化的发展有着密切的联系,高校校园的布局模式总是随着教育内容、教育思想和教育方法的发展而改变。随着国家、地域及时代的变化,高校校园的规划布局出现了多种多样的模式,主要经历了以下三个阶段:

1.中世纪的封闭集中式

其最大特点是校园与社会完全隔绝,建筑物内就包含了教学、生活的全部内容,师生的生活、工作、学习都在这个特定环境中完成。这种高校校园规划布局模式是与当时的精英教育理念密不可分的,如英国牛津大学、剑桥大学都是封闭集中式校园的代表。

2.近代的开敞分散式

17世纪以后,工业革命的发生和近代科学体系的完善,促使高校的教育理念发生变化,校园规划布局出现了新的趋势,逐步追求开放共享,强调校园更多地融入大自然、师生更多地融入社会,重新塑造师生之间的关系,这种布局模式是与科学的发展状况相适应的。

美国弗吉尼亚大学初期的校园就是开敞分散型校园的代表,它和其他一些常春藤学校(由于这些学校历史比较悠久,校舍外面往往长满了常春藤),如哈佛大学、耶鲁大学、芝加哥大学等,布局往往都非常工整,中间有林荫道、喷泉或花坛,非常对称,体现了典型的古典主义精神(图3-1),这也是这类名校标准的建筑风格,校园内的建筑都是尖顶哥特式的风格,给人一种历史悠久、传统深厚的感觉

（图3-2）。这种校园规划布局模式对我国早期的高校校园规划建设产生过深远的影响。[1]

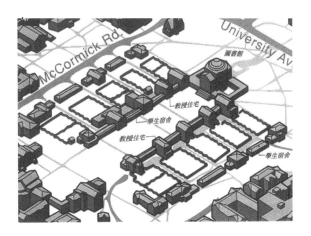

图3-1　美国弗吉尼亚大学的规整式校园
（图片来源：浙江大学建筑学系）

1　如美国建筑师墨菲主持设计的清华大学（1914年）、武汉大学（20世纪20年代末）和燕京大学（1921-1929，现北京大学一部分）。

图3-2　美国耶鲁大学的校园建筑

（图片来源：包小枫主编《中国高校校园规划》，同济大学出版社，2005，第106页。）

3.现代的有机整体式

19世纪末以后，现代科学在不断分化和不断综合中发展，校园空间规划布局出现以下新的特点：①各专业学科之间联系日益密切，校园布局趋向高度集中，并对跨学科的综合研究予以体现；②高校功能高度综合，成为一个高度组织化的系统，校园内的一切活动都在教育过程中互相渗透从而变得不可分割，因此有机整体式校园的出现成为高校校园布局发展的必然。

3.7.2　功能分区

一般高校的功能主要有教学、科研、学术、行政管理、文娱、体育及生活等，在规划时可分别归入公共平台区、教学区、生活区及运动区。当前高校日益呈现出功能混合的特征，对于一些占地较小的高校来说，可以按照相对独立的功能分区来规划，各种功能可明确分开布置。但对于占地规模较大的高校来说，传统的以单纯功能来分区的方法明显已不再合适，应采用功能复合的方法，各功能分区应相互融合，交叉布置，形成相对独立但又互相关联的功能组团，鼓励丰富多样和混合性的功能活动，增强校园的个性（图3-3）。具体应把握以下原则：

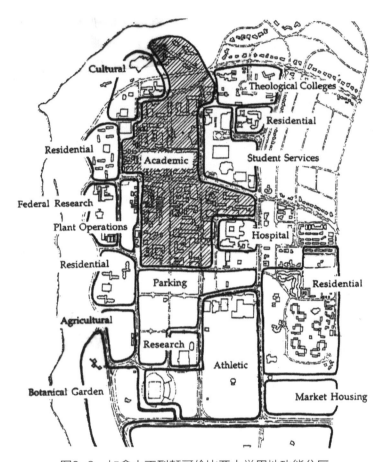

图3-3　加拿大不列颠哥伦比亚大学用地功能分区

（图片来源：Brian Edwards. *University Architecture*. Spon Press, 2000, p.13.）

（1）维持各学院自我包容、多功能复合和个性突出的特征，加强它们与街道和开放空间的联系。

（2）采用诸如园林造景、协调相邻建筑物的体量、统一尺度和材料等各种设计策略，确保各分区之间的融合性。

（3）通过规划新的公共设施，增加沿街建筑底层的艺术、娱乐和零售等活跃性功能，为学生、市民提供更多的活动场所。

（4）在校园与周边地区的边界上设置绿化和活动设施，以便更好地满足交通和其它功能需求。

3.7.3 开放空间

校园内部的开放空间包括校区入口空间、绿地空间、街道空间和广场空间等，在进行规划时具体可参照以下原则：

（1）要根据不同类型开放空间的各自特点来进行设计，避免形式和尺度的雷同。

（2）在校园和城市街道、校园建筑和内部道路之间，设计合适的入口空间和沿街绿化空间，比如可以在与校园平行的相邻城市道路上，通过降低校园围墙高度甚至不设围墙，并结合城市建筑小品，形成行人步行区，供学生及行人休憩之用；在入口处后退形成适当规模的校前广场，并合理设置机动车、非机动车和行人的进出通道，以及出租车、公交车的停放区域。

（3）要解决好校园机动车道和步行道之间的联系问题。建议在它们之间设置一条种有树冠浓密大树的道边绿化带，增加步行使用的舒适性。此外，步行道提供了人们穿越庭院、广场、公园和花园的适宜的步行路线，合理规划其邻近的开放空间元素如大树、植被、灯光和室外家具，有助于形成步行道的个性和特质。（图3-4）

图3-4　包含丰富空间元素的步行道
（图片来源：笔者自摄）

（4）通过广场和庭院等开放空间来完善校园内的空间系统。广场是由一组建筑围合而成的空间，广场的大小、草坪和硬地的耐久性以及使用安全性是规划设计中的主要内容。庭院是由一幢建筑围合而成的室外空间，其私密性比广场高，设计时除了考虑它的尺度外，最重要的是要处理好庭院与建筑之间的比例关系。比如，一般教学楼的间距都在24—30米之间，虽已满足最低标准，但对于丰富空间环境则略显局促。在浙江大学紫金港校区东区中，根据教学楼的不同体量，间距均有所扩大，取得了很好的庭院空间效果（图3-5）。

图3-5　浙江大学紫金港校区东区教学楼之间的庭院
（图片来源：笔者自摄）

（5）校园内的各类地面停车场应根据不同的功能分区分别设置，避免过于集中。要注意与毗邻的步行道、街道和庭院之间的关系，合理利用大树、树篱、篱笆及围墙，使停车场成为一个令人愉悦的场所。

3.7.4　校园交通

1.校园与周边交通的相互影响制约关系

在考虑校园规划与社区交通系统资源的整合过程中，首先需要对校园与周边交通的相互制约因素进行了解，这包括：①与学校紧邻的道路等级及其交通疏散能力；②与周边环境相互影响的主要建筑物、公园及商业分布情况；③周边主要交通工具和交通流线；④邻近停车场的位置及服务范围。这些可以作为校园规划时交通系统整合的参考依据。

2.交通系统与校园规划的整合内容[1]

（1）校园出入口与公交车站的整合：校园与周边环境相互影响的最直接发生地点在交接口上，也就是校园出入口位置及公交车站位置等。因此校园各主要出入口与公交车站的有效整合将有利于人员的来往与进出。

（2）道路等级与校园规划的整合：应结合周边道路的等级来规划校园道路系统，有效统一所在区域内的交通疏散与运输能力。

（3）人车流线的分离：校园交通流线系统应结合邻近道路系统，分成车辆流线及行人流线，而车辆流线系统又可划分为自行车、电动车及汽车三种流线，有效地限制周边社区车辆进入校园的车流量。

（4）邻近停车场的整合：与邻近停车场及公交系统的整合，可以减轻校园大型活动对周边环境、交通的冲击，加强学校上下学时段及大型晚会、毕业典礼等各种庆典活动时的区域交通疏散能力。

（5）信息资源与校园规划的整合：以高校计算机中心作为信息整合的平台，实现信息的交流和资源的共享，使高校与社区的公共设施

1　李浚荧、王伯伟：《大学校园周遭环境资源之整合与利用》(内部资料)，海峡两岸大学校园学术研讨会论文，上海，2004。

相互结合，形成一个更大的信息网络，有利于师生与社区居民的学习交流。

3.校园内部的交通规划

（1）校园流线及道路结构：流线设计以人行为主，以人车分离为原则，减少校园内部的穿越性车流；道路结构根据校园面积的大小不同设置成单环、双环或三环，并以环间道路相连接，解决校园内各区域间的联系；将车行道变窄以降低车速，最小化横穿车行道的距离。

（2）停车空间分布：尽量减少停车场和道路用地，以实现建筑下部架空停放为目标。

（3）步行区域设计：一般性公共服务设施（如餐厅、活动中心等）与教学设施之间应保持在步行距离10分钟或800米以内。步行区域设计应考虑残障学生的行动能力，注重相关辅助设施的设置，如斜坡、栏杆、扶手等。

（4）交通管理：实现各校区间的交通整合，校门口限制外来车辆进出，交通高峰时间部分路段区域实行交通管制；鼓励沿街停车以降低车速，提高行人的安全和停车的方便性；鼓励步行和使用自行车或电动车，发展校内公共交通运输系统。

（5）校园指示系统：建立完善的交通指示设施，创造一个整合周边景观、建筑和城市环境，能适应各种场合、具有弹性的校园道路标识系统，向校园的使用者和来访者提供便利，使他们能顺利到达校园内的各个目的地。

3.7.5　校园生态及景观

建设新校区，除了要珍惜与校园有关的人文、历史、社会、环境或建筑物外，还要融入可持续发展理念、生态理念。

3.7.5.1 校园生态

校园生态原则体现在校园规划中对原有生态系统的保护和对建筑单体进行生态化处理这两方面内容上：

（1）对原有生态系统的保护和利用包括：①生物栖息地的维持；②植物多样性的维持；③原生物种的保护与维持；④表层土的保护；⑤有机园艺；⑥生态污水处理；⑦基地的透水与保水。

（2）建筑的生态化主要包括：①水的回收与再利用及用水管理；②建筑节能：包括建筑外墙节能、空调系统节能、照明系统节能、通风采光节能及能源监控等。

3.7.5.2 校园景观

根据景观生态学的一些基本理论，我们可以在进行高校校园规划建设时更加有目的地保护环境，具体应把握以下四个原则：[1]

1.优先进行校园绿地系统整体格局的规划

以往进行校园绿地规划时，大多仅从建筑群布局和校园功能分区入手，主要考虑绿地的面积、树木的选择和对建筑采光的影响，绿地之间是相对孤立的关系。优先进行校园绿地系统整体格局的规划可以保证校园绿地各个区块之间具有较高的连通性，我们可以运用景观生态学的"基质——廊道——斑块"原理来优化重构校园景观空间，提高生态系统和保护生物多样性的能力，增加校园生态的稳定性。

2.减少校园建筑对环境造成的不良影响

首先，校园建筑可以采用相对集中的布局，留出相对完整与有机的绿地或水面等自然景观区域，降低绿地破碎程度。其次，减少建筑对地面的使用，通过底层连通、架空（图3-6）、悬挑和各层连廊联系等方法减少对地面面积的占用，减少校园建筑底层所占用的土地面积。此

---

1 沈杰：《论校园规划之景观生态学》，《建筑学报》2005年第3版。

外，还可以结合校园建筑形成的空间和形体，采用一定的措施将建筑屋顶相连。

图3-6　教学楼底层的架空层
（图片来源：笔者自摄）

3.减少机动车交通对绿地区块连通性的影响

可以通过人车分区、分流来实现。人车分区体现在总体平面布置上，将机动交通和步行交通分成内外环形等相对独立的区块设置，将机动交通与非机动交通相对分开，鼓励步行和使用自行车，减少相互干扰。如澳大利亚的昆士兰大学，校园内环都是步行区域，机动车则在外环，相对独立，干扰较少（图3-7）。

图3-7　澳大利亚昆士兰大学内车行与步行区域的分界处
（图片来源：笔者自摄）

4.以水体作为物种传播的廊道

传统高校校园水系规划的使用功能和美学功能是主导水系规划的主要因素，主要是为了解决水的供应和排放，并在校园的某些特定区域形成水景。而基于景观生态学原理的高校校园水系规划，则主要着眼于提高校园物种的稳定性、改善校园生态环境质量、完善校园生态功能以及增加校园景观多样性。如浙江大学紫金港校区东区提出"大学园林"的规划理念，将水体作为联系校园中大大小小形态各异的园林的纽带（图3-8）。

图3-8　浙江大学紫金港校区东区的中心水体
（图片来源：笔者自摄）

3.7.6　环保与防灾

在环境保护和防御自然灾害方面，校园规划应把握以下原则：

（1）对废弃物进行有效合理的管理与利用，包括减少建筑垃圾、对一般废弃物的处理、对实验室有害废弃物的处理和垃圾集中场地的设置等。

（2）建立健康的建筑内部环境，包括在音环境、光环境、热环境、空气环境、水环境及电磁环境等方面的处理；

（3）校园安全与防灾：包括实验室灾害防治、设定校园安全通道、界定校园危险空间、维护人身安全等内容；

（4）对作为景观水面污染物主要来源的雨水、生活垃圾、建筑垃圾及其渗漏液、漂浮物和施工尘土等，建议按如下措施处理：①地表径流雨水排入河道之前做适当沉淀处理；②及时清除水面漂浮物；③应严禁在水体周围附近堆放生活或建筑垃圾；④水体边坡应做毛石或混凝土块护砌；⑤综合水景治理。

3.7.7　校园人文环境的塑造

第二次世界大战以后，随着理性主义的泛滥，以现象学、存在主义等为代表的西方现代人文主义思潮对理性主义进行了反思和批判。从20世纪60年代开始，挪威建筑理论家舒尔茨在这两个理论的基础上逐步创立了建筑现象学理论，主张重视建筑的文化与精神的作用，重视生活环境的场所精神，认为场所精神比空间和特征有着更为广泛和深刻的意义。[1]

因此，高校校园建筑、道路、绿化等物质形态的完成并不是规划设计的最终目的，校园建成后广大师生要在其中工作、学习和生活，没有这些，校园就像一个没有演出的舞台，失去了其存在的意义和价值，这正是场所精神的体现。因此，我们在规划高校校园时一定要突破单纯注重功能、空间等抽象事物的局限，将设计更多地放在师生所使用的环境与场所上，在校园生活和空间环境互动的过程中逐步形成高校校园的场所精神。正如路易斯·康所说："大学是个中心，是某种有关人性种种的事物，这是真正的大学……一个场所、王国，在那里人的天赋能够得

1　刘先觉：《现代建筑理论》，中国建筑工业出版社，1999，第32—33页。

到实现。"[1]

同时，位于不同地区、具有不同发展背景和文脉特征的高校校园所表现出来的场所精神必然有所区别，因此，高校校园规划还一定要与自然、社会等条件联系起来，关注人与自然、社会之间的相互关系，才能使建成后的校园空间环境满足广大师生真正的生活需求。

3.8 高校校园建设投资

投资估算是高校校园规划论证的重要内容，其主要依据有：①高等院校近年的投资估算指标和具体的功能要求；②高校的建设规模、占地面积及地价；③拟建设新校园的规划设计方案；④校园所在城市的有关政策规定及收费标准；⑤资金来源、贷款利率等。

投资估算的内容主要包括建安工程费用、工程器具购置费用、土地费用、工程建设其他费用等，具体有：①建设用地费用，包括征地费和拆迁费；②主要项目工程费用中的建筑安装费用，包括土建费、水电安装费、空调通风设备费及实验器具、课桌椅购置费；③室外工程费用仅考虑校区内部管线铺设、河道整治、园林景观等内容，校外部分由市政配套建设；④工程建设其他费用按有关法规文件确定，作为公益性教育事业项目，可以申请减免的不计入；⑤工程前期要考虑场地回填土方的费用；⑥基本预备费和涨价预备费，按总投资的一定比例计算；⑦固定资产投资方向调节税按规定取消；⑧银行利率和利息。

资金的筹措一般有三种渠道：国家划拨、省市配套和高校自筹。其中高校自筹资金又包括老校区置换所得资金、学费收入、教师科研创收、校企创收以及企业、社团和个人的捐赠等。

---

1 荣耀：《校园规划的人文观——对当前我国大学校园规划设计的反思》，载包小枫主编《中国高校校园规划》，同济大学出版社，2005，第9页。

3.9　高校校园规划前期论证案例

美国麻省理工学院在1948年成立了专门的校园规划办公室来进行前期论证和制订校园总体计划，包括校园发展定位目标，住宅、交通、景观规划以及资本发展计划等，并定期研讨、修正。在进入21世纪的今天，了解、熟悉并认真执行高校校园规划的前期论证，对做好校园规划是非常有益的，下面是国外一些大学对校园规划进行前期论证的案例及成果。

3.9.1　美国俄勒冈大学未来发展模拟过程图（1973年版）[1]

俄勒冈大学始建于19世纪中叶，位于拥有84000名居民的尤金城郊区，自建成以来一直都只有几千名学生，20世纪六七十年代时发展到15000名学生和3300名教职工。该校的快速发展给校园造成了社区发展的典型危机，急需一个总体规划来控制其发展，使校园变得和早期一样合理、活泼和健康。

1973年，C.亚历山大教授在美国俄勒冈大学的总体规划中运用了当时全新的设计方法，即系统的高校校园规划论证。他率领的规划小组在规划过程中遵循了以下六个原则：有机秩序、参与、分片式发展、模式、诊断、协调，这些原则代替了传统的总体规划和预算程序。

C.亚历山大教授认为，学校发展是无法预测的，因为发展过程中所遵循的模式和诊断图需要不断做出改变，以适应新环境、解决层出不穷的新问题以及满足规划管理委员会的各种要求。因此，为几十年后的校园环境做出规划图是完全不可能的，最终，C.亚历山大教授通过展示俄勒冈大学在未来几十年中逐渐发展的模拟过程图（图3-9、图3-10、图3-11、图3-12），来明确校园的形成秩序和形式。

1　C.亚历山大、M.西尔佛斯坦、S.安吉尔、石川新、D.阿布拉姆斯：《俄勒冈实验》，赵冰、刘小虎译，知识产权出版社，2002，第100—103页。

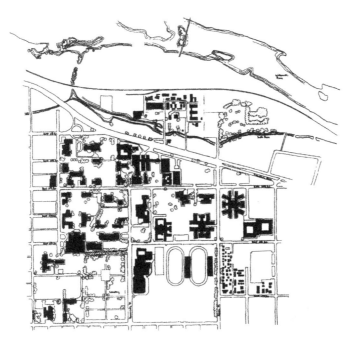

图3-9　俄勒冈大学在1973年的校园状况

（图3-9至3-12均来源于：C.亚历山大、M.西尔佛斯坦、S.安吉尔、石川新、D.阿布拉姆斯：《俄勒冈实验》，赵冰、刘小虎译，知识产权出版社，2002，第100—103页。）

图3-10　C.亚历山大所作的俄勒冈大学在20世纪70年代的校园发展图
（部分街道得到延伸，户外空间开始逐渐完善起来）

3．高校校园规划的前期论证内容　　　**71**

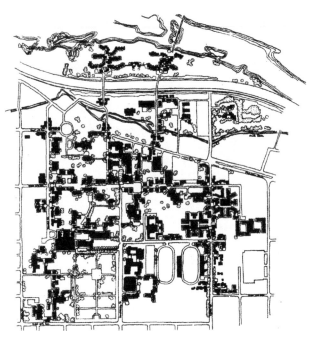

图3-11　C.亚历山大所作的俄勒冈大学在20世纪80年代的校园发展图
（图上显示了70年代发展的延续，学校道路系统得到加强，学校的发展方向往市区延伸）

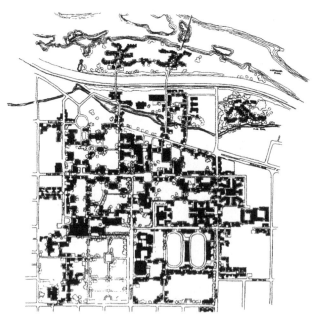

图3-12　C.亚历山大所作的俄勒冈大学在20世纪90年代的校园发展图
（新建了更多的研究大楼、办公大楼、教室及学生社区，学校的街道高度发展，并填补了许多开放空间）

3.9.2　美国耶鲁大学校园规划框架（2000年版）[1]

创始于1701年的耶鲁大学，是一所与哈佛、普林斯顿齐名的美国私立大学，坐落于康涅狄格州纽黑文市，建校时只有一栋楼，现在已发展成为拥有5070亩土地、340幢建筑和116万平方米建筑面积的大学园区。

1792年，画家特兰伯尔（J.Trumbull）构思了耶鲁大学的第一个校园规划，该方案追求垂直方向塔楼与水平方向30米长条形楼交替排列的建筑布局方式，形成面向纽黑文市中心公园和学院街的错落韵致。此后100多年，耶鲁大学慢慢向北扩展，逐步与纽黑文市相融合。1919年校董事会委托蒲泊（J. R. Pope）对耶鲁大学进行第二次校园规划，由于他的规划较为宏观并引发争议，两年后，耶鲁大学又请罗杰斯（J.G.Rogers）在蒲泊规划的基础上构思一个更具实践性的近期规划。罗杰斯吸收了蒲泊"横向校园"和哥特式建筑的想法，但是抛弃了其他绝大部分规划理念。至此以后，耶鲁大学一直没有一个清晰的校园整体发展策略，校园各个片区的建设各自为政，相互离散，缺乏统一性。

在意识到校园建设缺陷后，学校董事会于1993年组建了由校院领导、教师、学生以及其他管理使用人员组成的特别工作组，着手校园规划研究。1997年学校董事会经讨论，挑选库珀、罗伯森及其合作伙伴设计公司（Cooper, Robertson & Partners）为耶鲁大学新一轮规划的咨询顾问，负责校园整体发展规划框架。该公司的设计人员历时3年，经过几十次对耶鲁大学、城市和邻里社区领导人的访谈，在理解校园物质环境、挑战和机遇的基础上，于2000年成功地完成了校园的规划设计（图3–13）。

1　李晴编译《都市型校园发展的新模式——耶鲁大学校园规划框架介绍》，载包小枫主编《中国高校校园规划》，同济大学出版社，2005，第103—108页。

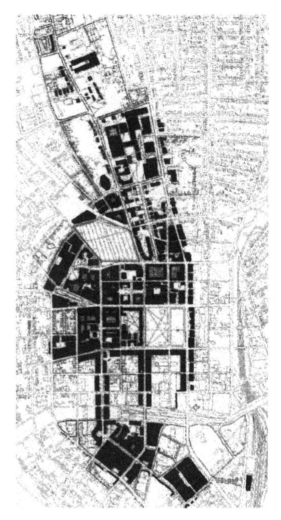

图3-13 耶鲁大学校园规划图

（图片来源：李晴编译《都市型校园发展的新模式——耶鲁大学校园规划框架介绍》，载包小枫主编《中国高校校园规划》，同济大学出版社，2005，第103—108页。）

新出炉的校园规划框架详细地分析了四个层面的内容：①耶鲁大学校园空间环境分析；②规划设计准则；③校园的开放空间系统及开发潜力地区；④校园规划框架系统和实施建议。规划框架深刻地探讨了耶鲁大学都市型校园的本质，为耶鲁大学未来发展提出了明确的思路和对策。

3.9.3 美国宾夕法尼亚大学校园发展规划文本（2001年版）[1]

宾夕法尼亚大学占地约109公顷，位于美国宾夕法尼亚州费城中央商务区的西侧，是该地区最大的私人机构，对地区经济的繁荣做出了重大贡献。20世纪90年代，为满足医学学科快速成长的需要，宾夕法尼亚大学需要一个策略规划来指导学校的发展，更新老校舍，为学生提供更多的校内宿舍，并进一步加强校园与市中心的联系。

1998-2000年，宾大任命欧林事务所（Olin Studio）和由5名教职工及学生组成的委员会负责规划编制工作，他们与学校常务副校长、相关专业人员及顾问小组密切合作，共同确认了学校所面临的问题、发展规划策略以及政策建议，编制完成一份宾大未来20年发展规划的成果，包括学术计划、校园生活、历史遗产、交通流量、运输方式和停车问题以及维护与经营等内容，共分为以下三个文本：①行动纲要，是一份36页的目标和建议大纲；②宾大2020校园发展规划，是关于研究发现、建议和对策的总体看法；③宾大2020校园发展导则，是一本关于如何改善校园物质环境的手册。

宾夕法尼亚大学董事会于2001年2月讨论通过了该校园发展规划（图3-14、图3-15），这一规划使宾夕法尼亚大学能够在保证学校发展的同时获得高品质的城市环境，目前发展规划中涉及的10个项目已经启动。

---

1 彭琼莉译《宾夕法尼亚大学校园发展规划》，《世界建筑》2003年第3期。英文版见宾夕法尼亚大学校园网:http://www. upenn.edu/almanac/v47/n24/Campusplan. html。

图3-14 宾夕法尼亚大学发展规划

（图片来源：彭琼莉译《宾夕法尼亚大学校园发展规划》，《世界建筑》2003
年第3期。）

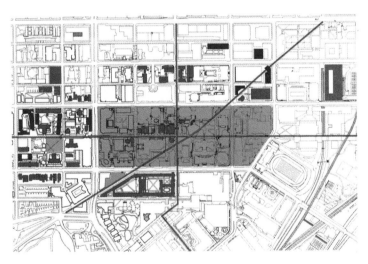

图3-15 规划的目标是沿着三条主要的步行轴线将校园传统学术中心与
其他部分连接起来

（图片来源：同图3-14）

4.
高校校园规划前期论证的影响因素

高校校园规划的前期论证涉及诸多方面的内容，受到很多因素的影响和制约，主要体现在政策、技术和规划模式三大方面，我们需要对这些影响因素从认识论的角度予以分析辨别。

4.1 政策方面的因素

政策方面的因素是指国家和高校的宏观政策、微观标准对校园规划的影响，主要包括办学性质、"九二标准"、学校总体发展计划和校园选址等因素。

4.1.1 办学性质

高校的办学性质一般分为教学型、研究型、教学研究型和研究教学型。19世纪中叶，英国牛津大学的纽曼在《大学的理念》一书中指出，大学是一个提供博雅教育、培养社会精英的地方，大学的目的在于发展知识。19世纪末叶，德国大学教育开始倡导大学作为"研究中心"的理念。二战以后，美国一方面继承德国大学重研究的传统，特别体现在研究院（所）的模式中，另一方面在大学部也发展了英国大学重教学的传统，并且努力适应社会发展需要，创造了教学和科研并重的新模式，取得了举世瞩目的成就。1980年以来，世界上很多大学都发展成了综合性大学，为社会服务的职能得到加强，这也影响到高校校园规划。[1]

4.1.2 "九二指标"[2]

1992年，由教育部制定，并由建设部、国家计委和教育部批准颁发实施了新的《普通高等学校建筑规划面积指标》。该指标是教育建筑的行业法规，是学校建设前期工作中编制可行性研究报告、进行征地和校园规划设计的基本依据，它让校园通过校园规划、建筑设计和施工转化为有形的建筑和空间环境。由于该指标颁布于1992年，所以简称为"九二指标"。"九二指标"是在"八〇指标"基础上，结合当时新的情况修订而成的。

随着我国改革开放的深入发展，经济、社会、教育等方面的改革与发展的加快，高校出现了多体制、多形式的办学与管理机制，尤其是1999年起连年大幅度扩大招生以来，高等教育日趋大众化，高校的办学规模迅速扩大，不少学校在校生达到万人以上或更大规模。教育改革的深化及事业快速发展的新形势，与实际办学条件和"九二指标"发生激烈碰撞；教育现代化与校园规划设计中新理念的不断融入，严重冲击着"九二指标"。

在近六年来的高校校园规划建设中，各高校纷纷突破了"九二指标"的用地和校舍面积指标，从总的形势看，这也是各高校无奈的选择，但从建成后的情况来看，大都取得了较好的社会影响和效益。这说明"九二指标"确实已不能适应新形势的要求，急需对其进行修订。2004年底，教育部在上海召开了关于"九二指标"修订的工作会议，并委托同济大学主持新一轮指标的调研和修订。

1　王建国：《关于中国城市快速成长期大学校园规划的思考》，载《2003年海峡两岸大学校园学术研讨会论文集》，中国建筑工业出版社，2004，第84—85页。

2　本节部分内容来源张必信、孙万文：《略论九二高校建筑规划面积指标》，载《2003年全国教育建筑学术研讨会论文集》，中国建筑工业出版社，第1—6页。

4.1.3 学校总体发展计划

学校总体发展计划理念性、架构性、描述性地勾勒出学校的中远期发展目标与方向，是影响高校规模、各学院发展特色以及校园空间及设施使用方式的主要因素，校园空间规划必须建立在学校中远期发展计划的基础之上。

学校总体发展计划必须建立在对外部环境和内部环境的分析之上。外部环境主要包括学校的总体环境、教学任务环境和全球发展趋势等，内部环境主要是指校园文化的各方面，包括教学研究服务、学生辅导、校友联络、校园生活和学校行政等。校园是高校主体成员在此教学、研究、学习、工作与生活的地方，对于高校的学风有相当大的影响，久而久之会形成一所高校独特的校园文化，它可以传之久远，也会随着社会与环境的变迁而缓慢演化。

一所高校的校园文化其实是物质、制度与心理三种文化的融合：物质文化是指高校校园的建筑环境景观、设施及整体印象等空间实体；制度文化是指建立高校规章制度，以落实高校教育理念与目标，发挥高校教学、研究、服务等多重功能；心理文化是指高校主体成员的价值观，也是高校发展的重要基础。

4.1.4 校园选址

高校选址应该与城市发展密切结合，不仅应该考虑为高校提供发展空间，而且要把高校发展纳入城市发展之中，把高校内在要求与城市提供的外在支撑相融合，从而使高校成为城市经济发展的动力源之一，同时也获得城市资源的支持，实现高校与城市的双赢。

在这方面，有些高校做得较好。如中国美术学院在保留并改建原南山路老校区的同时，确定多校区发展的思路，继续保留滨江校区（位于钱江一桥南侧，距离南山路校区大约8千米），扩建转塘象山校区（距离主城区约10千米），规划置换滨江校区，最终形成两个主校区的格局

（图4-1）。

图4-1　中国美术学院校区分布图
（图片来源：浙江大学建筑学系与笔者自绘，上、中、下三个圆点分别是南山校区、滨江校区和象山校区的位置）

　　美国在20世纪60年代，因为出生率提高，要接受教育的人增多，美国的校园也经历了扩张。对于一些私立大学来说，它可以在周边扩建，而对于公立大学来说，其选址本身就是政府的决策。比如位于芝加哥的伊利诺伊大学西校区在规划选址时，把工科、文科、理科、医学院、牙医学院、公共卫生医学院、药学院、护士学院等合并到一起，为复兴城市，将它设在芝加哥市区，而没有设在远离市区的地方。而且有些分校较多的大学，如美国公立大学中建立分校最多的、最大的加利福尼亚大学，共有九个分校，[1]大多是收编进加利福尼亚大学的，像欧文分校这

　　1　加利福尼亚大学的九个分校分别是：伯克利分校、洛杉矶分校、旧金山分校、欧文分校、戴维斯分校、圣地亚哥分校、圣巴巴拉分校、里弗赛德分校、圣克鲁斯分校。其中伯克利分校是加利福尼亚大学最早的校园，在九所分校中最为著名。

样白手起家完全靠自己造出来的很少，基本上都是有基础的。

4.2 技术方面的因素

技术因素对高校校园规划前期论证的影响主要表现在总体规划理念、校园集中建设及校园空间营造上。

4.2.1 总体规划理念

为了学校各功能区块之间、各建筑物之间达到完美组合，丰富城市面貌，改善城市环境质量，现代整体型和综合型校园的总体规划布局必须遵循城市设计和空间规划的原理，因此高校校园的总体规划布局，必须在把握城市、校园内外环境共性的基础上，根据校园所处地段的城市区位和校园场地的特点，对校园的内外空间形态做出科学的分析，根据特定的设计对象进行合理的规划与设计。

二战以后，世界上大多数高校都采用了总体规划这一校园设计手段，一般对即将建设或以后将建的校园进行一次性空间布局的布置，以总图、各分析图、效果图为主要形式，表现校园的土地用途、功能、高度或者其他建筑特点，以控制和协调校园中数以百计、互不相关的建筑行为，以便日后的分期建设。在不同的国家，总体规划也被称为综合规划、发展规划或者结构规划。[1] 图4-2、图4-3是一套典型的高校校园总体规划图，以总平面和各分析图为主。

1　根据我国《城市规划法》的规定，总体规划原来是指城市规划工作的两个阶段之一（另一个阶段是详细规划），这里参考城市规划的做法，将总体规划应用到校园规划中。

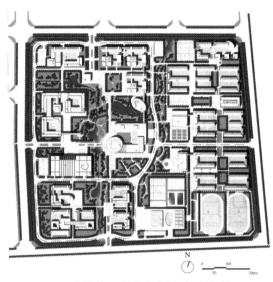

图4-2　高校校园总体规划方案中的总平面

（图片来源：包小枫主编：《中国高校校园规划》，同济大学出版社，2005，第47页。）

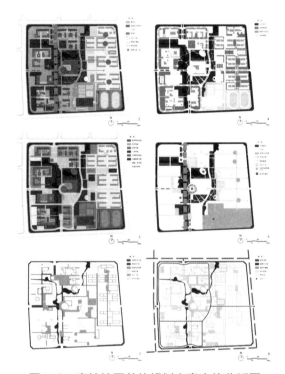

图4-3　高校校园总体规划方案中的分析图

（从左至右、从上往下依此为规划结构图、绿化系统图、用地布局图、空间景观图、步行系统图和道路交通系统图，图片来源：同上书，第91页。）

由于未来高校的招生人数、专业设置及规模、社会化程度等都将随着时代的发展而变迁，因而对未来校园环境的总体布局和预测，存在着较大的风险性和不确定性。总体规划可以创造总体，但不能创造整体，使用者无法想象出总体规划实施以后的情景，规划者也不可能真的一次规划到位。

好的高校校园规划应该将整体与局部的需求达到有机的完美平衡。在一个有机校园环境中，校园的每个部分都是独特的，各个不同部分之间是相互协调的，从任何一个局部都可以辨认出这个整体。在一些校园中，局部处于控制地位，整体却失去控制，从而使校园规划杂乱无章。美国加州大学伯克利分校就是这种情况，曾经美丽的校园如今变成了一个杂乱无章的建筑群，每幢建筑互不相同，没有形成一个整体（图4-4）；从校园的整体水平上来看，其功能被削弱，道路系统拥挤不堪，通行犹如迷宫（图4-5）。

图4-4　加州大学伯克利分校校园

（图片来源：Brian Edwards. *University Architecture*. Spon Press. 2000, p.105.）

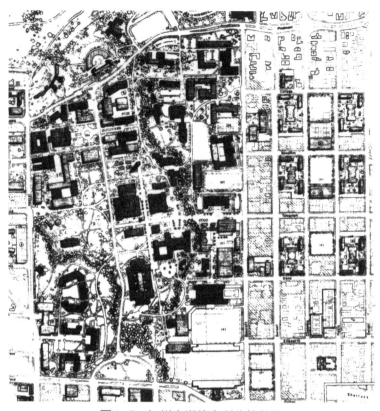

图4-5 加州大学伯克利分校总图

（图片来源：Stefan Muthesius. *The Postwar University:Utopianist Campus and College*. Yale University Press, 2000, p.14.）

英国的剑桥大学则是整体与局部平衡结合的完美范例。该大学最美的特征之一就是各个学院在河流和城镇主街道上的分布方式（图4-6）。每个学院都自成系统，有面向街道的入口和朝向河流的开口，有跨过河流通向远处草地的小桥，有自己的船库和沿河步行道。虽然每个学院重复同样的系统，但是它们各自都有各自的特征，每个庭院、入口、桥梁、船库和步行道都各不相同。所有学院的整体组织和每个学院的个性特征是剑桥最引人入胜的部分。[1]

1　C.亚历山大、M.西尔佛斯坦、S.安吉尔、石川新、D.阿布拉姆斯：《俄勒冈实验》，赵冰、刘小虎译，知识产权出版社，2002，第2页。

图4-6　剑桥大学三一学院鸟瞰

（这是一个协调的空间组合，虽然建筑物的时代和风格各不相同。图片来源：
凯文·林奇、加里·海克：《总体设计》，黄富厢、朱琪、吴小亚译，中国建
筑工业出版社，1999，第321页。）

　　剑桥大学不存在总体规划，它是靠某种内在的规律性确保了在校园
空间布局上的整体性。实践中的总体规划应该努力去揭示这种内在规
律，进而去创造整体与局部之间的平衡，所以总体规划中应有一个详实
但非精确的整体布局，更应有若干年以后仍能达成共识的规划理念和文
化特征，随着时间的推移，不管局部如何改变和发展，其整体仍能遵循
的内在规律和秩序。

正如美国耶鲁大学，由于担心传统意义上的总体规划无法处理学校可能会遇到的无法预料的情况，因此明智地选择了一个尊重现存校园、面向未来发展的弹性整体规划框架。2000年完成的新一轮规划框架提出了未来建筑物建造的可能地点，但没有对建筑物的外形和使用功能进行详细描述；指出了校园各部分之间需要连接的地点，但没有陈述这些连接的具体方式；指出了耶鲁大学与纽黑文市联合开发的地区，但没有描述开发的具体内容；主张像对待校园建筑物细部一样来处理校园的开放空间，但没有提出改善这些空间的具体方案。[1]

4.2.2 校园集中建设

校园集中建设让高校具有一定的优势，可以在短时间内迅速建出一个成规模的校园，可以使学校各功能区迅速建设到位并投入使用，使大批学生早日入住。在近几年的规划建设实践中，集中建设对一些中小规模的高校来说可以真正实现管理方便、加强联系的目的；但对于一些大型综合型高校而言，由于它们大多历史悠久、规模宏大、师生人数众多、校园用地分散，如果要全部集中到一起，其内部联系的便捷性是否会如愿以偿，是否一定会比分散的校园更具优势，还需要进一步实践来证明。事实上，在一些世界知名高校，多校区是非常普遍的，多校区格局并没有对学校的运转和声誉造成影响，反而进一步密切了学校与所在城市的关系。

另外，所有好的建筑和环境都经历了漫长的岁月，校园采取分阶段建设更有利于保证建筑物和使用者之间的适应关系，更有助于创造校园的有机秩序，使每一个阶段校园的建筑与环境质量都能得到确保和提高。这种建设是在规划的总体框架下向前推进的，推进时又十分关注各个局部的协调，最终会形成一个有机的整体。

1　李晴编译《都市型校园发展的新模式——耶鲁大学校园规划框架介绍》，载包小枫主编《中国高校校园规划》，同济大学出版社，2005，第108页。

4.2.3 校园空间营造

校园使用者的文化特质和校园情感空间的营造都非常重要。情感空间强调感受的力量，在这类空间中被关怀的人是真正的主角，而建筑与环境只有在具备了情感空间之后才会真正具有灵魂，一个吸引人的、有感染力的、能够潜移默化教书育人的高校校园一定拥有许多美好的情感空间，它们是校园文化的重要组成部分。正是这些不同情感空间的组合，构成并决定了我们对一所高校校园环境与校园文化的总体印象（图4-7）。

图4-7　校园情感空间——露天咖啡座

（图片来源：Stefan Muthesius. *The Postwar University—Utopianist Campus and College*. Yale University Press, 2000, p.14.）

目前高校校园的物质环境都是在短期内建设完成的，但校园的文化环境建设却是一个长期的过程，因为文化必须经历时间才能得到积淀。如何建设和发展新建校园的文化环境成为摆在决策者和设计师面前的一个重大课题。一般来讲，我们可以通过把握城市历史、自然环境和人际交流来营造校园情感空间。

4.3 规划模式方面的因素

主要是指规划的操作模式，包括规划论证过程、规划的参与性等因素对高校校园规划前期论证的影响。

4.3.1 规划论证过程

目前我国高校校园规划的论证一般是由高校基建委员会或校园规划委员会来负责。在新校区建设中，一般还会成立建设指挥部等临时机构来具体负责，高校基建委员会或校园规划委员会作为常设机构主要定期对校园规划方案进行论证研究。整个论证过程，一般包括调研、可行性研究、概念规划、立项、详细规划和建筑设计等。

4.3.2 参与性的重要性

在实际论证过程中，建筑师或规划师会更多体现他们自己的个性与特点，兼顾一部分校方的意见。真正意义上能做到有机结合的校园只有借助全校师生的共同努力才能够完成，在这个过程中每个高校成员都有必要协助建筑师或规划师去了解他们最熟悉的那部分环境及要求，这样才能真正创造出高校所需要的丰富环境和校园秩序。

在整个论证过程中，我们可以选择一些在需求和习惯上与今后建筑的最终使用者尽可能接近的人来参与。比如：在设计学生宿舍和食堂时，可以邀请一些不同层次的学生来提出建议，他们会更了解学生的需求，能够创造出丰富多彩的秩序；在设计实验室时，可以请教授们向建筑师解释清楚实验室的特性，避免造成实验室在功能上的某些缺陷，比如采光和隔音达不到要求、储藏空间不够大、没有地方自习和思考等。

所以，校园使用者的参与性对高校校园规划有着至关重要的作用。此外，校方的科学决策对于营造一个好的校园也是非常重要的。

5.
前期论证对高校校园规划的方法论

由于高校校园规划的重要性，我们必须以一种新的观念、新的思维方式去看待这一问题，并且采取一系列正确的方法和对策去规划校园，尽快以"间接动态式的规范"取代"直接静态式的规划"，充分借鉴和运用成熟的城市设计手法进行高校校园规划，并用可持续发展观来指导高校校园规划。

5.1 以"间接动态式的规范"代替"直接静态式的规划"

5.1.1 直接静态式的规划

目前我国许多高校新校园的规划重点多集中在满足建筑物的使用功能需要和提升建筑群所造成的视觉效果上，表现在总体布局形式上，以讲求轴线、对称和纪念性建筑尺度的校园形式最受欢迎，一定程度上忽略了校园的动态成长性。

如同历史上的"理想城市""规划城市"或"新市镇"的教训，一时一地的构想往往无法满足持续发展的需求（图5-1），[1] 长期的、静态式的规划构想也无法应对变动的高校校园定位与弹性的竞争、转型要

1　比如英国人霍华德于1898年提出的花园城市理论，曾影响了英国的新城镇建设计划，并在"二战"以后建造了许多卫星城，但事实证明理想的新城对疏散大城市人口的作用并不是很明显，反而导致大城市中心区的衰落。因此，英国从20世纪70年代后期起停止建造新城，转向旧城的保护与改造。

求，计划往往赶不上变化。人为规划与自然成长应该并行，校园的规划与设计不但要顾及形式上的成果，也要兼顾机制的程序，校园规划应由"直接静态式的规划"尽快转变为"间接动态式的规范"，或至少应该做到"规划"与"规范"并重。

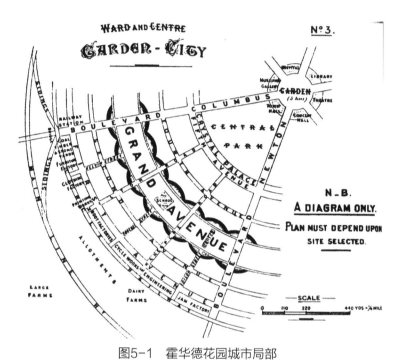

图5-1　霍华德花园城市局部

（图片来源：Steplon V.Ward. *Planning the Twentieth-Century City*. John Wiley & Sons Ltd, 2002, p.46.）

此外，对到底什么才是好的校园形式，建筑师也常因不同时期而持有不同的看法，这些看法一般反映在校园的主要规划构想上，如美国加州大学伯克利分校的规划建设过程经过了自然景观风格和巴洛克风格等不同阶段（图5-2）。

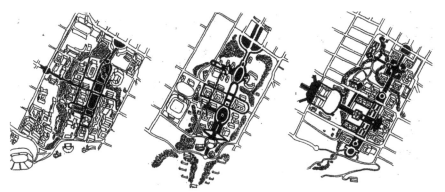

图5-2 加州大学伯克利分校校园不同时期的不同的理念

（图片来源：黄昆山：《校园规划的远景与机制：一个都市设计范型》，海峡两岸大学校园学术研讨会论文，上海，2004，第12页。）

5.1.2 关于校园规划的远景

高校校园从某种意义上说就相当于一个小型社会，因此，每个新的校园在初步建成之后，很快就会在成长期遇到与城市发展过程中相同的瓶颈问题，尤其在当前我国高等教育飞速发展和需求日盛的形势下，常常会出现招生人数膨胀、学科建设持续发展、教育理念不断更新、新生事物不断涌现、可建设用地日益稀缺等问题，从而让其成为校园进一步发展的桎梏。

高校校园在成长过程中经常会遇到的上述瓶颈问题，进一步说明了面对动态的校园定位与设施需求以及不确定的财务条件，直接静态式的规划已不再适用，这也正是校园规划工作所面临的最大挑战。而在如何使"规范"取代"规划"或至少与之并重的问题上，我们在高校校园规划前期论证上应该把握住"设计校园而不是设计建筑"[1]这一原则，这里面包含着"远景"这一要素。"远景"在内容上包括了校园的规模发展、成长过程、文脉传承、风貌延续、环境改善等，涉及社区互动、空

1　原文为："Design cities without designing buildings". Barnett Jonathan. *Urban Design As public policy: practical Methods for Improving Cities*, 1974, 转引自黄昆山：《校园规划的远景与机制：一个都市设计范型》，海峡两岸大学校园学术研讨会论文，上海，2004，第15页。

间形式、建筑密度、植物种植、空间日照量、广场设计、建筑界面、小品风格等诸多方面。

5.1.3　间接动态式的规范

高校校园的规划建设具有时间跨度长和空间跨度大的特点，在校园的整个规划过程中、建设实施过程中以及建设完成后，由于社会、经济情况的变化以及种种不可预见因素的影响，部分项目和内容会有所调整和变化。作为塑造校园环境的校园规划，比较可行的做法是将方案的制订与实施运行结合在一起，形成一个整体动态过程，并且其动态构成内容不仅要包括高校校园规划方案，还要包括其运行机制、维护和反馈机制，这就是高校校园间接动态式的规范。

根据这一特征，初始的高校校园规划方案一般不具备贯彻始终的条件，在实施过程中常常会因为各种原因有所变动。对于一些小的变化调整，只要不涉及大的宏观结构，由校园规划管理部门做必要的更新即可；如变化涉及校园整体空间结构的改变，就需要重新进行规划。校园规划会通过对当前方案的不断研究一直发展和深化下去，已经得到认可的方案在没有新的、更好的方案时就是最适用的，待出现了更好的方案，就应该采用新的方案，这一观念应贯穿于整个动态把握过程中（图5-3）。

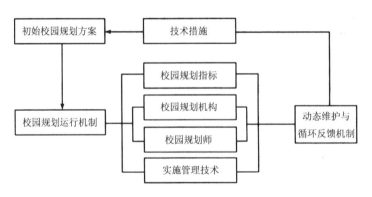

图5-3　校园规划动态过程示意图

（图片来源：陈佳强、马山水：《大都市发展之现代版》，经济科学出版社，2004，第265页。）

高校校园间接动态式的规范涉及校园文化、历史建筑、开放空间、交通规划等不同层面的内容，往往既包含对过去校园发展的解读，又包含了对现有校园空间与设施的评价与分析，最终提供的规范性建议主要是为了使新校园的规划建设始终不脱离时间与空间的脉络。所以，为营造更好的高校校园形式，人们的工作重点要由预先设定的静态模式转变为尊重参与过程的动态模式，由具体的量化标准转变为弹性非量化模式，由重视既定的成果转变为兼顾定位、评析及审查的程序。

近年来，美国高校校园规划都采用了以间接规范为主的做法，比如除了著名的俄勒冈模式外，宾夕法尼亚大学在近年的校园发展计划中包含了明确的设计审查内涵与程序的要求（详见第三章）。又如哈佛大学，他们在规划校园时非常强调规划的导则制订和程序规划，突出大学校园规划建设的过程合理性，更注重实施原则和程序，所以哈佛大学只有用地规划而没有具体的建筑布局规划。[1]哈佛大学采取的这种间接规划就是著名的"哈佛模式"，[2]它的主要目的是希望校园规划师在进行设计工作前能对哈佛大学的校园脉络有深刻、坚实的了解。"哈佛模式"中最重要的原则就是通过"渐进式成长"[3]方式来进行校园规划，弹性地考虑校园风格，创造出独特的开放空间。

1　吴正旺、王伯伟：《大学校园规划100年》，《建筑学报》2005年第3期。

2　"哈佛模式"：关于哈佛大学校园规划的具体文本可参考http://www.hpai.harvard.edu/pp/patterns/harvard_patterns.htm.

3　C.亚历山大、M.西尔佛斯坦、S.安吉尔、石川新、D.阿布拉姆斯：《俄勒冈实验》，赵冰、刘小虎译，知识产权出版社，2002，第33页。

5.2 运用城市设计的手法进行高校校园规划

5.2.1 高校校园规划与城市设计的相似性

多数城市都是成长与规划的混合体，高校校园规划工作实际上也是一个城市设计的范例，二者具有很多的相似性。

1.规模与分区的相似性

高校校园的规模和分区构想、活动设施的多样性和自主性都如同一个小型城市，一些高校校园的占地已达到2—3平方千米，大学城的面积更是普遍达到20平方千米左右，接近一个小城镇或中等城市的规模。

2.长期发展远景与变迁的相似性

高校校园的规划与设计涉及长期的发展远景与变迁，高校校园的功能与内涵往往随时间空间的变迁而有不同的要求，它所面临的许多问题同时也是城市所面临的挑战，国外许多大学城的历史甚至比邻近的城镇更悠久。

3.管理与组织运作的相似性

高校校园的规划和发展与城市设计一样，也需成立专职机构，建立长期管理与组织运作的规范。

4.决策程序的相似性

与城市的管理与决策受到政府和群众的权益影响类似，高校校园规划也与高校的行政管理、学术组织、决策架构有关。

5.2.2 城市设计理论对高校校园规划的影响和意义

正因为高校校园规划与城市设计具有诸多的相似性，所以在其实践中必然会受到城市设计相关理论与实践的影响。美国著名学者C.亚历山大（C.Alexander）的《建筑模式语言》（A Pattern Language，1977年）和凯文·林奇（Kevin Lynch）的《城市形态》（Good City Form，1981年）这两本著作的出版，对城市设计理论都作了重要论述，开启了城市设计理论影响高校校园规划的历程。

C.亚历山大在为俄勒冈大学和加州大学伯克利分校进行校园规划时，有意识地把城市设计与校园规划工作具体整合起来。在进行这两个大学的校园规划时，C.亚历山大直接将高校校园规划当成城市设计的任务，并应用城市设计的概念进行高校校园规划的实证研究，继而形成后期的城市设计理念与程序。这样的校园规划理念，在后来的《城市设计新理论》（A New Theory of Urban Design，1987年）一书中被明确地整理成城市设计的评估过程。

城市设计理论对高校校园规划的重要意义主要表现在：[1]①有助于高校校园成为城市的生态优化区，促进城市设计生态策略的实现；②有助于高校成为所在城市重要的经济增长点，为城市提供坚强的知识后盾、多样化的就业机会和各种共享资源；③有助于推进所在区域的城市化进程，加速文化积淀；④有助于增大对高校所在区域周边地带的辐射影响，促进高校与城市的互动发展。

5.2.3 运用城市设计手法进行高校校园规划的方式

从认识上讲，人们对城市设计的概念、内容与方法尚无一致定论。[2]

1　沈济黄、陆激：《大学校园的城市设计策略》，《新建筑》2004年第2期。

2　较早的有凯文·林奇在《城市形态》一书中对城市设计的定义："城市设计是一门创造使用可能性、管理、聚落形态、聚落特征的艺术。城市设计处理时间、空间上的模式，这些模式和人类日常生活中的经验有着同样重要的意义。"凯文·林奇：《城市形态》，林庆怡、陈朝晖、邓华译，华夏出版社，2001，第204页。但由于不同的历史时期、不同的文化背景和不同的时空条件，各个国家、各个学科的学者对城市设计都有不同的解释和定义。陈纪凯：《适应性城市设计——一种实效的城市设计理论及应用》，中国建筑工业出版社，2004，第31页。

一般认为，城市设计是以"人本"观念为核心，以尊重自然、延续历史、表现个性、强调功能与美学的统一为原则，为社会创造优美的城市环境和空间秩序的一项规划工作。它以城市的自然地理、人文历史、社会环境、建筑环境、市民行为及空间视觉等要素为研究重点，内容和深度与对应的城市规划的不同阶段有所区别。[1]

运用城市设计手法进行高校校园规划，应该以尊重自然、延续历史、表现个性与美化环境为原则，它的研究重点是高校的自然地理、人文历史、社会环境、建筑环境、学生与教职员工行为及空间视觉等要素。城市设计手法具体运用到我国高校校园的规划中，可以采取以下一些方式：

1.采用分阶段的设计过程

在进行校园规划的最初阶段，高校在校园功能、使用和管理等方面往往与规划师的理念与方法存在较大差距，需要在校园规划的各个阶段过程中逐步达成协调一致。在校园规划的不同阶段，我们可以分别进行概念性规划、总体规划、详细规划、景观规划、建筑设计及室内设计等。

2.引入概念性规划

概念性规划介于控制性详细规划与修建性详细规划之间，它采取技术性假设的方法在校园形态上做更深入的研究，使高校获得比控制性详细规划更为具象的成果，便于高校进行校园指标、形态等方面的进一步探讨，待项目明确后可迅速转化为项目建议书，增加了决策的科学性和可操作性。

1　北京市注册建筑师管理委员会编《一级注册建筑师考试辅导教材第1分册：设计 前期、场地与建筑设计》，中国建筑工业出版社，2003，第239—241页。

3.采取生态化策略

高校新校区的选址，一般都在离城市市区不远处的近郊，校址大多拥有较好的自然生态环境。新校区选址应尽量不占用基本农田或水系，多利用不良生态用地，这样既有利于保护环境，又符合可持续发展的要求。

4.建立合适的校园尺度

高校校园规划应尽量不破坏城市的整体格局和交通体系，特别是一些大型高校校园，要避免因体量大对城市空间造成阻隔，要通过科学合理的规划营造出合适的校园尺度和开放共享的校园格局。

5.营造良好的校园文化

营造良好的校园文化包括继承传统和开拓创新。高校新校园规划中对历史的延续，除了与老校园的形式和内容接近外，还要在植被、庭园、建筑、水体、广场等要素上形成一种与老校园场所同质的感染力，同时也为校园文化的积淀奠定坚实的基础。

5.2.4　国外实例

城市设计手法运用在不同类型的大学校园规划上，会产生不同的规划效果，这一点在美国的哈佛大学与麻省理工学院（MIT）这两所大学有着明显的体现。这两所大学虽然位于同一个城市的同一条大街上，但在组织、管理架构与定位规范上有较大的差异，其校园规划中都采用了城市设计的手法，最终却形成了两种截然不同的校园风格。

1.麻省理工学院（MIT）

MIT强调全校性活动设施与不同学科学生之间的互动，反映在校园规划及建筑形式上，其核心区各建筑单体之间都通过连廊来连接，宽敞的连廊长达上千米，常成为学生社团和社交活动的最佳场所（图5-4），学生从麻萨诸塞大道上的主要建筑进入，通过宽敞的连廊到达各个不同的系所、教室或实验、活动空间。

图5-4 麻省理工学院核心区连廊式建筑群
（图片来源：https://www.mit.edu/about/）

MIT强调全校性学生的互动和交流，不鼓励建独立的教学研究建筑（宿舍除外），以免影响学生间的自然沟通。在校园与社区的互动与整合方面，MIT因为形成了一个对内自给自足的校园生活社区，其与外围环境的联系主要以周边的研究、实验单位为主，与邻里社区的互动也较有限。

2.哈佛大学

哈佛大学与MIT同在麻萨诸塞大道上，位于大街的另一端，由于除了哈佛园外，哈佛大学的各学院都各自独立自主，形成不同的单元（图5-5），整个校园风貌与MIT完全不同。

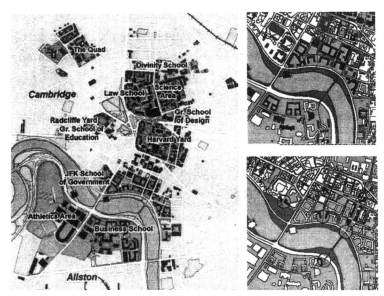

图5-5　哈佛大学校园风貌呈分散布局

（图片来源：黄昆山：《校园规划的远景与机制：一个都市设计范型》，海峡两岸大学校园学术研讨会论文，上海，2004，第8页。）

近四百年来哈佛大学从来没有用一个总体的校园规划来决定校园内的建筑，并且每个时期各有不同的思考重点。最近一百年以来，哈佛的校园经历了类似城市成长的快速扩张（图5-6）。老校园以哈佛园为起点与中心，其他后来发展起来的学术研究机构（以学院为主）则分布在它们四周，各学院基本上都拥有自主的学术、财政与校园规划，以及清楚的边界与建筑群，并分别为各自的学生提供图书、阅览、餐饮等基本设施。除了总图书馆、教堂与运动场外，哈佛大学很少有集中的全校性设施，这一特色产生了有异于整体规划、别具一格的校园空间。在与邻近社区的整合与互动方面，哈佛也与MIT形成强烈的对比，学生在餐饮、住宿和生活方面的需求与周边的城市社区有着很强的相互依存关系。

图5-6 哈佛大学近百年的快速成长（1910-1956-1975-2000）

（图片来源：同图5-5）

5.3 用可持续发展观来指导高校校园规划

作为一种朴素的生存哲学思想，可持续发展的基本理念由来已久，而当代的可持续发展观则是对20世纪以来工业文明逐渐成熟过程中所带来的环境问题、资源问题和发展方式的反思的结果。可持续发展的工作要点主要有以下三个：①控制人口增长；②节约使用资源；③保护和治理生态环境。[1]

5.3.1 可持续发展观在高等教育中的体现

国际上根据可持续发展的思想，对高等教育的可持续发展也曾发表了许多相关的宣言，其中影响最大的一篇是《塔乐礼宣言》，这是1990年10月，来自22个国家的大学校长在法国塔乐礼塔夫兹大学所举办的"大学在环境管理与可持续发展中的角色"国际研讨会中签署的。该宣言说明了高等教育在环境保护与可持续发展中扮演的角色和需承担的任务，表明了各大学为了使与环境、发展有关的教育与研究成为核心目标而应采取的原则和行动。截至2003年6月，已有300所大学签署了该宣言，其中包括我国的复旦大学和中国人民大学。

可持续发展的高校除了必须兼顾可持续发展所包含的经济、环境与社会这三个因素外，还需发挥学校的环境教育功能。因此可持续发展的

---

1 王文友：《对"可持续发展"校园的认识》，《新建筑》2002年第4版。

高校应具有以下基本特征：①面向环境：建立绿色校园，学校的环境、空间、景观规划、建筑设计及环境管理等都必须符合可持续发展及环境保护的要求；②面向经济：应有稳定的经济发展，制订学校长远的财务计划；③面向社会：应积累社会资本，包括师生的参与和认同，与周边社区保持良好互动；④面向教育：教育和动员师生，让他们具有可持续发展的知识和能力。[1]

5.3.2　可持续发展观在高校校园规划中的应用

吴良镛先生在《人居环境科学导论》一书中曾提出关于人居环境规划设计的三项指导原则，其中第三项为："每一个具体地段的规划与设计，在可能的条件下要为下一层次乃至今后的发展留有余地，在可能的条件下甚至提出对未来的设想或建议。"[2]这实际上就是可持续发展观在规划中的体现，这项指导原则在校园规划中同样适用。

因此，高校校园规划必须尽快树立以可持续发展观作为指导原则的规划方法，主要应做到以下几点：

（1）合理使用土地资源，老校园内应避免因插建新建筑使得校园过于拥挤，新校园规划中要适当控制建筑密度和建筑容积率，避免布置尺度过大的广场、庭园、道路和人工水面，以创造舒适、优美的校园。

（2）在建筑设计上要以满足功能为主，恰当安排建筑布局、面积、层数、结构选型、室内外装饰和设备等，避免超过实际使用需要的、过大的建筑面积和体量，避免不必要的豪华装饰。

1　关华山、陈湜雅：《永续大学校园规划设计准则及台湾33所大学现况调查研究》，海峡两岸大学校园学术研讨会论文，上海，2004，第6—7页。

2　陈佳强、马山水：《大都市发展之现代版》，经济科学出版社，2004，第258页。另两项为："第一，每一个具体地段的规划与设计（无论面积大小），要在上一个层次即更大空间范围内，选择某些关键的因素，作为前提，予以认真考虑；第二，每一个具体地段的规划与设计，要在同级即相邻的城镇之间、建筑群之间或建筑之间研究其相互关系，新的规划设计要重视已存在的条件，择其利而运用并发展之，见其有悖而避之。"这两点也适用在规划高校校园时考虑与城市环境的关系上。

（3）在校园和建筑的布局上，要考虑今后可能的发展趋势，在校园的适当位置预留一定的用地，以满足今后扩建的需要。

（4）校园绿化要充分保留原有的地形地貌，利用好原有的生态环境和植被，新的植被也要以当地的物种为主，提高绿化覆盖率，创造自然的、多形态的校园生态环境。

（5）减少植被养护用水，建立中水循环利用系统；改进建筑围护结构，尽量利用自然通风和采光，节约空调和照明用电。

5.4 高校校园规划的对策及建议

除了上述三个宏观性和原则性的高校校园规划方法外，我们在进行新校园和大学城规划时还要分别采取一些必要的具体对策。

5.4.1 一般性对策及建议

1.兼收并蓄中外优秀校园布局模式

为创造良好的校园环境，给师生提供一个能潜心工作和学习的场所，我们应充分吸收一些好的校园布局方式。如英国牛津大学以内向的、综合性功能院落空间为核心的"方院"模式（图5-7）；被誉为美国传统大学校园规划典范的俄亥俄州立大学，以轴线来组织空间，包括了钟楼、林荫广场、拱廊、合院等要素（图5-8）；与自然生态结合良好的中国传统书院布局，如湖南长沙岳麓书院（图5-9）等。

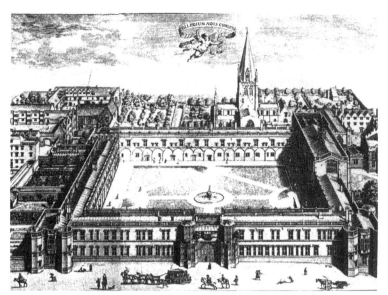

图5-7　一个典型的牛津大学学院，通过建筑反映学术秩序

（图片来源：Brian Edwards. *University Architecture*. Spon Press, 2000, p.150.）

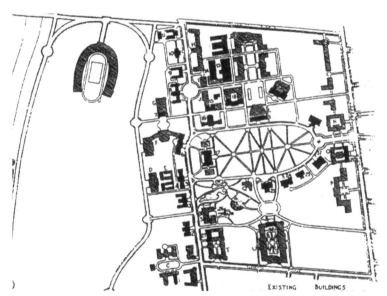

图5-8　美国传统大学校园规划的典范——俄亥俄州立大学总平面

（图片来源：Brian Edwards. *University Architecture*. Spon Press, 2000, p.35.）

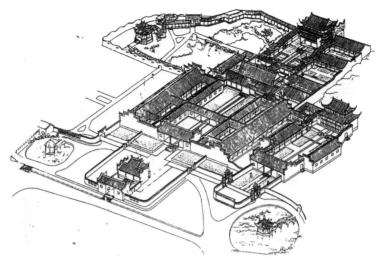

图5-9　湖南长沙岳麓书院鸟瞰图

（图片来源：中国建筑艺术全集编辑委员会编.《中国建筑艺术全集——书院建筑》，中国建筑工业出版社，2001，第11页。）

2.推进与城市的融合

在规划建设上充分考虑与所在城市在设施上的共享，避免建设独立的小而全的校园，比如在体育场馆、医疗机构、后勤设施及集中供暖系统的建设上可与城市共同投资、共同使用。此外，高校还应增强如出版社、设计院、继续教育中心等机构对社会的服务功能，在规划布局上尽可能沿校园外围布置，与城市充分互动。

3.把握合理的校园空间尺度

在校园各类室外空间和场地的布置上，在各类建筑的设计和布局上，规划设计都应该坚持合理的比例尺度，避免超大面积室外空间和超大体量建筑的出现。不论校园面积多大，校园都应做到环境精致、尺度宜人，体现高校校园所特有的亲切氛围。

4.体现校园人文精神

将老校区的历史环境与氛围特点充分融合到新校园中，创造出一些能代表高校人文精神的标志性情感场所和建筑，从而达到继承和发扬老校区文脉的目的，并使其成为人们追忆重要事件的校园因素，正如北大未名湖（图5-10）起到的作用那样。

图5-10　北京大学的未名湖，是北大校园环境的象征

（图片来源：马伯寅：《北大之旅》，浙江人民出版社，2004，封面。）

5.建立多样性的交通格局

当前的高校校园规模日益扩大，要结合校园格局建立集机动车、非机动车和行人为一体的综合性交通格局，选择合适的环路形式，并充分考虑到今后的发展变化，设置足够的各类停车位。在流线布置上要注重人性化，以科学的步行距离来规划各种功能分区，对于某些规模超大的高校校园，可以建立内部公交系统。

5.4.2　大学城规划的对策及建议

为保证国内大学城建设良性发展，针对目前大学城规划建设中存在的问题，我们可以从发展思路、发展定位、管理体制、建设指标等几个方面入手，制定符合时代要求和城市教育水平的发展战略。

1.制订科学的发展思路

大学城的规划建设必须从各地的实际情况出发，根据所在城市的经济实力、城市化水平和高等教育的需求，来决定是否有必要兴建大学城，如果需要的话，应该控制在什么规模。对大学城的选址、周边地区的基础设施、居民等情况都要进行详细调查和论证。要建立长期的、科学的发展观，避免生拼硬凑，使大学城内的各高校真正做到有机结合、相互促进、资源共享，通过教育资源的整合使各高校走上良性发展的道路。

2.明确大学城的发展定位

大学城的发展模式应因地制宜，采取形式多样的发展方式。根据第二章中大学城建设的四种目的，大学城的定位存在以下四种形式：①整合型大学城：主要是为了整合现有高等教育资源，促进高校的进一步发展，这类大学城占我国在建大学城的多数；②研发型大学城：主要是为了满足高等教育的地方需求，促进地区产业升级，在经济发展中发挥重要作用；③新区型大学城：主要是为了通过发展大学城来实现城市新区的开发；④投资型大学城：主要是为了吸纳社会力量和资金来办教育。[1]

3.建立完善的管理体制

大学城的规划建设是一个复杂的大型系统工程，牵涉的单位众多、投资巨大、建设周期长。在整个过程中，必须协调好各方利益，尽量做到政府、主管部门、高校、地方、社会和家长等都能满意。所以，必须建立完善的管理体制，成立在政府主导下的、能代表各方利益的规划建设管理机构，并结合城市的经济产业发展规划对建设项目本身进行详细

1　卢波、段进：《国内"大学城"规划建设的战略调整》，《规划师》2005年第1期。

的前期论证。[1]

4.完善大学城的建设指标

目前我国只有高校校园的规划建筑面积指标，今后应进一步从大学城所在城市的经济、教育发展状况出发，总结经验、统筹考虑，尽早从技术经济层面研究制订专门针对大学城的各项建设指标，尤其是共享区建设应该参照的指标。

1　卢波、赵计梅：《知识经济下的教育空间扩张分析及其对策研究》，载《2003年海峡两岸大学校园学术研讨会论文集》，中国建筑工业出版社，2004，第263页。

结　语

　　完善的高校校园规划前期论证作为高校校园建设中的一个重要环节，必然会对高校校园环境质量的提高产生积极影响。本书试图通过对我国高校校园规划前期论证的全过程进行整体思考和经验总结，探讨更系统地进行校园规划的方式与方法。本书是在近20年前的博士毕业论文基础上经过适当的调整和删减而成，所引用的数据和参考文献资料截止到2005年5月。当时高校校园规划的前期论证在国内还处于起步阶段，本书的探索性研究作为一种新的尝试，为高校校园规划的本质研究开拓了新的思路和途径。

　　由于知识和经验有限，本书难免存在浅薄和需推敲之处，只能作为对该领域的一个阶段性研究成果，还有许多问题和相关领域需待今后再做进一步研究和探讨。本书愿起到抛砖引玉的作用，以期待能促进有关学者的进一步探究和商榷。

　　最后，感谢我的博士生导师王国梁教授对原论文的悉心指导，并积极促成此书的出版！感谢中国美术学院出版社的徐新红老师在此书出版过程中对我的积极鼓励和大力帮助！也感谢浙江大学多年来对我的栽培，给予我从事相关管理工作的机会，让我积累了较为丰富的实践经验！感谢家人的理解和支持！

朱宇恒

2024年6月　杭州

参考文献

中文参考书目

[1] 陈向明. 质的研究方法与社会科学研究[M]. 北京:教育科学出版社, 2000.

[2] 王鹏. 城市公共空间的系统化建设[M]. 南京:东南大学出版社, 2002.

[3]周浩明, 张晓东. 生态建筑[M]. 南京:东南大学出版社,2002.

[4] 潘海啸, 杜雷. 城市交通方式和多模式间的转换[M]. 上海:同济大学出版社, 2003.

[5] 尤建新. 现代城市管理学[M]. 北京:科学出版社, 2003.

[6] 吕爱民. 应变建筑[M]. 上海:同济大学上海出版社, 2003.

[7] 刘国靖, 邓韬. 21世纪新项目管理——理念、体系、流程、方法、实践[M]. 北京：清华大学出版社, 2003.

[8] 黄福涛. 外国高等教育史[M]. 上海:上海教育出版社, 2003.

[9] 张兴. 高等教育办学主体多元化研究[M]. 上海:上海教育出版社, 2003.

[10] 谢安邦. 中国高等教育研究新进展（2002）[M]. 上海:华东师范大学出版社, 2003年.

[11] 冯艳飞. 中国高等教育产业研究[M]. 北京:经济管理出版社, 2004.

[12] 戴晓霞, 莫家豪, 谢安邦. 高等教育市场化[M]. 北京:北京大学出

版社, 2004.

[13] 简德三. 项目评估与可行性研究. 上海:上海财经大学出版社, 2004.

[14] 刘力. 城市与区域的可持续发展[M]. 广州:中山大学出版社, 2004.

[15] 陈佳强, 马山水. 都市发展之现代版[M]. 北京:经济科学出版社, 2004.

[16] 赵冰. 2003年海峡两岸大学校园学术研讨会论文集[M]. 北京:中国建筑工业出版社, 2004.

[17] 陈纪凯. 适应性城市设计——一种实效的城市设计理论及应用[M]. 北京:中国建筑工业出版社, 2004.

[18] 周庆行, 王谦. 现代城市公共管理[M]. 重庆:重庆大学出版社, 2005.

[19] 丁东, 王彬彬, 李新宇, 谢泳. 大学沉思录[M]. 桂林:广西师范大学出版社, 2005.

[20] 姜杰, 彭展, 夏宁. 城市管理学[M]. 济南:山东人民出版社, 2005.

[21] 包小枫. 中国高校校园规划[M]. 上海:同济大学出版社, 2005.

[22] 江浩波. 个性化校园规划[M]. 上海:同济大学出版社, 2005.

[23] 凯文·林奇. 城市意象[M]. 方益萍, 何晓军, 译. 北京:华夏出版社, 2001.

[24] 凯文·林奇. 城市形态[M]. 林庆怡, 陈朝晖, 邓华, 译. 北京:华夏出版社, 2001.

[25] C.亚历山大. 建筑的永恒之道[M]. 赵冰, 译. 北京:知识产权出版社, 2002.

[26] C.亚历山大, M.西尔佛斯坦, S.安吉尔, 石川新, D.阿布拉姆斯. 俄勒冈实验[M]. 赵冰, 刘小虎, 译, 北京:知识产权出版社, 2002.

[27] C.亚历山大, H.奈, A.安尼诺, I.金.城市设计新理论[M]. 陈治业, 童丽萍, 译. 北京:知识产权出版社, 2002.

[28] 克里斯·亚伯. 建筑与个性[M]. 张磊, 司玲, 侯正华, 陈辉, 译. 北京:中国建筑工业出版社, 2003.

[29] 布赖恩·爱德华兹. 可持续性建筑著[M]. 周玉鹏, 宋晔皓, 译. 北京:中国建筑工业出版社, 2003.

[30] 彼得·柯林斯. 现代建筑设计思想的演变[M]. 英若聪, 译. 北京:中国建筑工业出版社, 2003.

[31] 阿摩斯·拉普卜特. 建成环境的意义——非言语表达方法[M]. 黄兰谷等, 译. 北京:中国建筑工业出版社, 2003.

[32] 尼古拉斯·佩夫斯纳, J.M.理查兹编著. 反理性主义者与理性主义者[M]. 邓敬, 王俊等, 译. 北京:中国建筑工业出版社, 2003.

[33] 罗杰·斯克鲁顿. 建筑美学[M]. 刘先觉, 译. 北京:中国建筑工业出版社, 2003.

[34] 凯文·林奇, 加里·海克著. 总体设计[M]. 黄富厢, 朱琪, 吴小亚, 译. 北京:中国建筑工业出版社, 2004.

[35] 弗雷德里克·斯坦纳. 生命的景观[M]. 周年兴, 李小凌, 俞孔坚, 译. 北京：中国建筑工业出版社, 2004.

[36] 阿摩斯·拉普卜特. 文化特性与建筑设计[M]. 常青, 张昕, 张鹏, 译. 北京：中国建筑工业出版社, 2004.

中文学术期刊

[37] 马清运. 西方教育思想及校园建筑——新校园建筑溯源[J]. 时代建筑. 2002(2):10–13.

[38] 王伯伟. 校园环境的形态与感染力——知识经济时代大学校园规划[J]. 时代建筑. 2002(2):14–17.

[39] 陈小龙, 吴志强. 从学生意向看第五代校园空间走向[J]. 时代建筑. 2002(2):18–19.

[40] 马清运. 浙江宁波高等教育园区——一种都市化的速成[J]. 时代

建筑. 2002(2):26–33.

[41] 何镜堂. 目前高校规划建设的几个发展趋向 [J]. 新建筑. 2002(4):5–7.

[42] 王文友. 对"可持续发展"校园的认识[J]. 新建筑. 2002(4):8–9.

[43] 高冀生. 当代高校校园规划要点提示[J]. 新建筑. 2002(4):10–12.

[44] 沈济黄, 叶长青. "信息园林"——构成新世纪信息化、人文化的景观大学城[J]. 新建筑. 2002(4):12–15.

[45] 沈国尧. 高校分部新校区规划[J]. 新建筑. 2002(4):16–18.

[46] 姜耀明, 王晓丹, 石红梅. 大学校园规划结构的研究——兼谈甘肃工业大学西校区总体规划设计[J]. 新建筑. 2002(4):19–21.

[47] 涂慧君. 人文主义新形态与大学校园的当代转向[J]. 新建筑. 2002(4):22–25.

[48] 杨舢, 董春方. 校园建筑形态的逻辑生成 [J]. 新建筑. 2002(4):26–28.

[49] 何镜堂, 郭卫宏, 吴中平. 浪漫与理性交融的岭南书院——华南师范大学南海学院的规划与建筑创作[J]. 建筑学报. 2002(4):4–7.

[50] 史逸, 王毅. 印度现代校园的规划与设计 [J]. 建筑学报. 2002(4):44–48.

[51] 彭琼莉, 译. 宾夕法尼亚大学校园发展规划[J]. 世界建筑. 2003(3):69–71.

[52] 陈洋, 周若祁. 关于我国高校校园"六化"的探讨[J]. 建筑学报. 2003(4):65–66.

[53] 朱晓东. 巴黎国际大学城——诞生于理想的建筑博览馆[J]. 世界建筑. 2003(10):67–75.

[54] 马进, 王志刚. 城市设计中的理性主义与经验主义——评南京仙林大学城中心区城市设计国际竞赛中奖方案[J]. 建筑学报. 2003(11):12–14.

[55] 蔡永洁, 赵志伟, 李振宇, 王志军. "城"式的大学——兼

述在四川工业学院概念性规划方案中对校园形态的探索[J]. 建筑师. 2004(1):34–37.

[56] 何镜堂, 郭卫宏, 吴中平. 现代教育理念与校园空间形态[J]. 建筑师. 2004(1):38–45.

[57] 许懋彦, 巫萍. 新建大学建筑组群空间尺度的比较研究[J]. 建筑师. 2004(1):46–53.

[58] 吴正旺, 王伯伟. 大学校园城市化的生态思考[J]. 建筑学报. 2004(2):42–44。

[59] 沈济黄, 陆激. 大学校园的城市设计策略[J]. 新建筑. 2004(2):6–9.

[60] 高崧, 沈国尧. 人、建筑、自然共生——现代大学校园的表述[J]. 新建筑. 2004(2):10–13.

[61] 徐苏宁. 大学的理念与大学校园的设计[J]. 新建筑. 2004(2):13–14.

[62] 刘泱, 庄惟敏. 我国大学校园建设分期实施设计原则初探[J]. 新建筑. 2004(2):24–26.

[63] 窦强. 生态校园——英国诺丁汉大学朱比丽分校[J]. 世界建筑. 2004(8):64–69.

[64] 黄全乐, 李涛. 大学与城市: 法国大学校园变迁的启示[J]. 新建筑. 2004(5):52–54.

[65] 温全平. 城市河流堤岸生态设计模式探析[J]. 中国园林. 2004(10):19–23.

[66] 田银生, 宋海瑜. 大学城建设与城市发展——以郑州龙子湖大学城规划为例[J]. 规划师. 2005(1):28–29.

[67] 阎瑾, 赵红红. 山地大学校园特色的创造——以湖北理工学院校园规划为例[J]. 规划师. 2005(1):30–33.

[68] 卢波, 段进. 国内"大学城"规划建设的战略调整[J]. 规划师. 2005(1):84–88.

[69] 朱东风, 郑瑞山. 大学校园非正式场所精神探究[J]. 规划

师. 2005(1):89–93.

[70] 吴正旺, 王伯伟. 大学校园规划100年[J]. 建筑学报. 2005(3):5–7.

[71] 张奕. 刍议中国当前大学建筑理论研究[J]. 建筑学报. 2005(3):8–10.

[72] 严建伟, 王笑寒. 生长中的大学校园规划[J]. 建筑学报. 2005(3):11–13.

[73] 马烨. 校园形态评析[J]. 建筑学报. 2005(3):14–17.

[74] 曾焕恭, 邓雪娴. 都市密度下的大学校园规划[J]. 建筑学报. 2005(3):18–21.

[75] 顾哲, 华晨. 杭州下沙高教园区规划设计[J]. 建筑学报. 2005(3):22–25.

[76] 沈杰. 论校园规划之景观生态观[J]. 建筑学报. 2005(3):31–33.

[77] 张建华, 刘建军. 对当今大学新校园规划设计中若干问题的思考[J]. 城市规划. 2005(3):80–83.

外文参考书目

[78] Joseph Rykwert. The Idea of a Town[M]. USA: MIT Press, 1988.

[79] Michael Parfect and Gordon Power. Planning for Urban Quality[M]. Routledge, 1997.

[80] Richard P. Dober, Ann Arbor. Campus planning[M]. MI USA: the Society for College and University Planning（SCUP）, 1996.

[81] Richard P. Dober. Campus Architecture: Building in the Grovers of Academe[M]. New York, USA: the McGraw–Hill Companies, Inc, 1996.

[82] Richard P. Dober. Campus Landscape: Functions, Forms, Features[M]. New York, USA: John Wiley & Sons, Inc, 2000.

[83] Stefan Muthesius. The Postwar University: Utopianist Campus and College, New Haven[M]. USA: Yale University Press, 2000.

[84] Brian Edwards. University Architecture[M]. London, UK: Spon Press, 2000.